旅行餐廳

虎斑貓蹦蹦的
便當

中西直子

前言

虎斑貓蹦蹦是一間四處旅行的餐廳。
沒有固定店面，
以穀物和蔬菜為主要食材，
視季節與場合，變身為各國料理店。
有時是美味的西餐廳、馬戲團小吃攤、市場裡的點心屋，
或是非洲小館、亞洲的路邊攤、街角的三明治專賣店，
甚至是俄羅斯火車上的列車餐廳。
希望來到這裡的每個人，
都能以旅行的心情，快樂享受眼前的料理。

關於便當

我對於便當最早的記憶是四歲那年，

兩個姊姊去遠足的那天，不曉得是因為被留在家裡的我哭了，還是覺得我太可憐，

媽媽特地為我做了便當，帶著我到附近的河邊野餐。

那天便當的內容，我早已忘記，

但我記得是非常開心的一天。

每到遠足或運動會，或是假日出遊的日子，媽媽都會為大家準備便當。

由於這些快樂的回憶，我現在每次做便當時，心情總是特別愉快。

便當有著不同於現做料理的獨特美味，

無論是被醃蘿蔔或酸梅染得又黃又紅的白飯，

或是海苔或香鬆變濕軟後的味道。

其中最令人難忘的，是裝滿滷菜、海苔、炸物、烤物等各種料理的便當，

等待送到手中的心情，打開便當蓋的瞬間，

一股融合所有料理、獨特的便當美味香氣，撲鼻而來。

掀開便當蓋的心情，就像拆禮物包裝一樣令人期待。

在本書中，我為大家設計了 50 天的便當。

春日便當

上山出遊的便當

河邊野餐的便當

工作加油便當

獻給友人的便當

超簡易便當

給先生的便當

記憶中的便當

給自己的便當

每個便當，都是為某個人而料理。

希望對方在打開便當蓋的時候，都能展露開心的笑容。

中西直子

目次

本書使用方法

調味料的份量
●1小匙／醋・醬油・味醂・水各5毫升／鹽4公克／砂糖3公克／油4公克
1中匙／醋・醬油・味醂・水各10毫升／鹽8公克／砂糖6公克／油8公克
1大匙／醋・醬油・味醂・水各15毫升／鹽12公克／砂糖9公克／油12公克

★文中的「鹽1小撮」份量為1公克以下／「醬油」使用濃口醬油／「砂糖」使用三溫糖※
「胡椒」全都使用粗粒研磨黑胡椒／「油」使用以菜籽油精煉的白絞油

※編按：三溫糖是黃砂糖的一種，以製造白糖後的糖液製成，色澤偏黃，味道濃厚，常用於燉煮料理、日式甜點等。

虎斑貓八方高湯的基底
（食譜中以「八方高湯」表示）
這款高湯可用來調味厚煎蛋、煮物或炒金平※，用途非常多。可以事先做好，要用的時候就非常方便。

※編按：本書的炒金平多指用醬油、糖、味醂拌炒牛蒡絲、紅蘿蔔絲等。

●味醂…300毫升／醬油…300毫升／昆布（薄片）…15克／柴魚片…30公克
■將味醂、醬油、昆布混合均勻，靜置約3小時。
以中火慢慢加熱至沸騰，接著放入柴魚片，再次煮滾後立刻熄火。稍微放涼後，以紗布濾出高湯。

冷藏約可保存一星期。
過濾高湯後剩餘的柴魚片和昆布，由於吸飽醬油和味醂的味道，只要再加點小工夫，就能用來拌飯或包飯糰，或是作為海苔便當的提味。
柴魚片也能用來做土佐煮※，或是加在涼拌芝麻豆腐上，都非常好用。

※譯註：柴魚片和蔬菜一起以醬油燉煮的料理。

紅燒柴魚片
●八方高湯過濾後剩餘的柴魚片…50公克／味醂…2大匙／芝麻油…1中匙略多
■將八方高湯過濾後剩餘的柴魚片加入味醂、芝麻油，炒至水分收乾。

紅燒昆布
●八方高湯過濾後剩餘的昆布…70公克／水…200毫升／味醂…2大匙／醬油…2中匙
■昆布依個人喜好切成適當大小，加入食譜份量的水、味醂和醬油，以小火加蓋慢慢燉煮。過程中不要過度攪拌。
煮到收汁後熄火，打開蓋子，使多餘的水氣揮發。

濃高湯（食譜中以「高湯」表示）

● 水…1公升／昆布…20公克／柴魚片…40公克

■ 將昆布浸泡在食譜份量的水中3小時以上，接著直接以中火加熱。

沸騰後放入柴魚片，再次煮滾後熄火，靜置約2～3分鐘，再以紗布濾出高湯。高湯不宜久放，冷藏也只能保存約2天，因此每次大約做2天內可用完的份量即可。用不完的高湯可做成白高湯或甜醋，便可稍微延長保存期限。

白高湯

● 高湯…200毫升／鹽…1/2小匙／薄口醬油…1小匙

■ 高湯加入鹽和薄口醬油混合均勻即完成。冷藏約可保存4～5天。可用來浸煮或淺漬※清燙蔬菜，也能用來提味。

※編按：淺漬是指簡單用鹽以短時間醃漬的蔬菜，味道比長時間醃漬的醬菜清爽。

甜醋

● 高湯…100毫升／醋…300毫升／砂糖…80公克／鹽…1大匙

■ 混合高湯、醋、砂糖和鹽，煮至沸騰即可。冷藏約可保存2星期。可用來浸煮甜醋蔬菜，或作為甜醋醬使用。

紅醋

● 醋…100毫升／砂糖…3大匙／鹽…1小匙／紫高麗菜葉…1～2片，切絲

■ 將調味料全部混合均勻，放入紫高麗菜絲醃漬。

3天後即完成紅色的甜醋。

可用來醃漬紅生薑或蘘荷，或是為白蘿蔔或蕪菁染色。

直接使用紅醋的話，顏色會顯得過紅，可加點甜醋，稀釋到適當的顏色。

冷藏約可保存3星期。

壽司醋

● 醋…4大匙／砂糖…2大匙／鹽…1中匙

■ 一半份量的醋可以改用柚子、酢橘、臭橙等當季柑橘類果汁來替代。

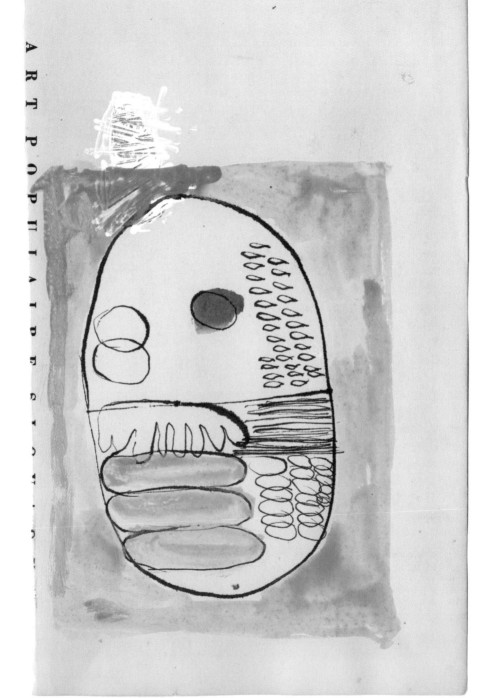

1 飯糰便當

我最喜歡的飯糰口味是昆布，也喜歡包著酸梅的三角飯糰。這道食譜便是以這兩種飯糰，加上鮭魚飯糰、用紫蘇葉包起來的紫蘇鬆飯糰，做成四種口味的飯糰便當。各位也可以用柴魚片、醬菜、烤鱈魚卵、味噌、滷菜等喜歡的食材來做不同口味的飯糰組合。

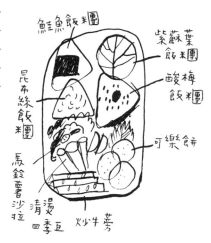

1 可樂餅、2 馬鈴薯沙拉

●馬鈴薯…中型4顆（400公克），切成3～4公分塊狀／紅蘿蔔…½根（60公克），切成¼圓片／鹽…1小撮

可樂餅餡料（洋蔥…1小顆〈80公克〉，切末／油…1小匙／鹽、胡椒…各適量）

可樂餅其餘材料（麵粉、蛋、麵包粉、炸油…各適量）

馬鈴薯沙拉配料（洋蔥…½小顆〈40公克〉，切薄片／小黃瓜…1根，切圓片／美乃滋…2大匙略多／鹽、胡椒…各適量）

■將可樂餅和馬鈴薯沙拉要用的馬鈴薯和紅蘿蔔，放入加了1小撮鹽的水中煮到變軟。接著倒掉水，在不離火的狀態下搖晃鍋子，使食材表面水分充分蒸發、呈粉糊狀（此手法稱為「粉吹芋」）。再趁熱以木匙壓成碎塊，待剩餘水分揮發後，加鹽充分拌勻。

放涼後，取⅓份量做馬鈴薯沙拉，剩餘的用來做可樂餅。

將可樂餅需要的洋蔥炒熟，以鹽和胡椒調味後，放入馬鈴薯混合均勻，捏成適當大小的圓形。

接著依序沾裹麵粉、蛋液、麵包粉，放入攝氏170～180度的油裡，炸至表面金黃。

馬鈴薯沙拉的配料用手稍微抓鹽，靜置10分鐘後擰乾水分。拌入剩餘的馬鈴薯和美乃滋混合均勻，最後以鹽和胡椒調味。

3 炒牛蒡

●牛蒡…⅓根（60公克）／高湯（水…100毫升／八方高湯…1大匙）／芝麻油…1小匙／白芝麻…適量

■牛蒡切成5公分長段，以擀麵棍敲碎。太粗的再用刀子切開，使大小均一。

將牛蒡放入高湯中煮約10分鐘後倒掉高湯，加入芝麻油和白芝麻，炒至水分收乾即可。

4 四種飯糰（鮭魚、昆布絲飯糰、紫蘇葉包紫蘇鬆飯糰、酸梅飯糰）

●白飯1碗半／烤鮭魚、烤海苔、滷煮昆布、昆布絲、紫蘇鬆、紫蘇、醃脆梅、黑芝麻…各適量

5 其他

●搭配清燙四季豆、小番茄等喜歡的蔬菜。

2 豆皮壽司便當

這裡介紹的是加了牛蒡和紅蘿蔔的什錦豆皮壽司，但我也很喜歡單純只用醋飯做成的豆皮壽司。

醋飯裡的配料，春天可以加入蜂斗菜，夏天可以放入小黃瓜或蘘荷。採收了栗子就加進醋飯裡，有章魚就放入，十分隨意。

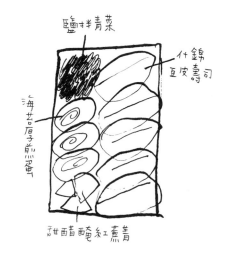

1 什錦豆皮壽司

●豆皮（豆皮…100公克〈切成包豆皮壽司用的袋狀12～14片〉）／高湯（水…450毫升／八方高湯…4大匙／砂糖…1中匙）

配料（牛蒡…¼根〈40公克〉，削成片狀／羊栖菜…1大匙／紅蘿蔔…⅓根〈40公克〉，切短絲）

■將袋狀的豆皮打開，放入滾水中稍微過水汆燙，沸騰後加入高湯，蓋鍋蓋，以小火煮約10分鐘。

熄火後直接靜置冷卻。待放涼後取出豆皮，擰乾備用。

以鍋中剩餘的高湯煮配料。待牛蒡煮熟後即可熄火，撈起備用。

●醋飯（米…2杯／水…330毫升／壽司醋…3大匙／薑…1大匙，切末／白芝麻…1大匙）

■將壽司醋和薑、白芝麻混合拌勻。

將米洗淨，泡水約20分鐘後再炊煮。煮好的白飯倒至壽司桶或大碗中，淋上壽司醋和配料，快速拌勻，以免醋飯變得沾黏。

待醋飯稍微放涼後，分成12～14等份，輕輕捏成豆皮壽司的形狀。

將捏好的醋飯填入擰乾的豆皮中。

2 甜醋醃紅蕪菁

●紅蕪菁…1顆（100公克）／鹽…1小撮／甜醋…適量

■紅蕪菁切片，稍微抓鹽後，淋上甜醋，份量須蓋過紅蕪菁。

醃漬約2～3小時後，蕪菁的紅色會變得更鮮明。

3 鹽拌青菜

●青菜…⅓把（這裡使用蕪菁葉）／白芝麻…1小匙／鹽…適量

■將青菜由根部放入滾水中汆燙，待葉子部分完全沉入水中後便可取出，放入冰水中冰鎮。蕪菁葉較其他青菜嫩，汆燙時間不能太久，燙熟便要立刻取出冰鎮。若沒有充分冷卻，時間一久就會喪失原本的鮮綠色澤。

將燙好的青菜切成適當大小，擰乾水分後，加入白芝麻和鹽拌勻。

4 海苔厚煎蛋

■參照「櫻花糯米飯便當」→68頁

3 太陽旗便當

蓮藕含有澱粉，加熱凝固後口感會變得軟嫩而富黏性。蓮藕慢慢磨容易出水，因此磨泥的訣竅在於用力磨。食譜裡使用的是蓮藕和油豆腐，油豆腐的部分也可以改用蝦漿或白肉魚漿。油豆腐如果有水分，搗碎後可用紗布包起來再重壓，徹底去除水分。

1 金平紅蘿蔔

●紅蘿蔔…1小根（100公克），切絲／芝麻油…1小匙／八方高湯…1小匙／鹽…1小撮

■紅蘿蔔絲加入1小撮鹽巴，稍微抓鹽後，以中火拌炒。

細火慢炒可以使紅蘿蔔釋放出甜味，比較好吃。

炒熟後加入八方高湯，炒至水分收乾即可。

2 蓮藕漢堡

●蓮藕…1小根（130公克）／油豆腐…100公克／洋蔥…1小顆（80公克），切末／油…1小匙／醬油…1小匙／鹽、胡椒…各適量／八方高湯…1小匙

■挑選較硬，水分較少的油豆腐，放入食物調理機或研磨鉢中充分搗碎。蓮藕帶皮磨成泥，水分若太多就稍微瀝乾。

洋蔥以大火稍微拌炒後，加入醬油，續炒至水分收乾即熄火。

將油豆腐、蓮藕、炒好的洋蔥、鹽、胡椒全部混合拌勻。

接著捏成適當大小的圓形，放入平底鍋中慢慢將兩面煎至上色。

上色之前容易碎裂，必須等一面完全煎好上色後再翻面。

等到兩面都上色後，最後淋上八方高湯，均勻裹在漢堡上。

3 紅燒炸茄子

■參照「山椒小魚乾飯便當」→82頁

4 四季豆豆皮卷

●豆皮…長形的1片／水…100毫升／八方高湯…1大匙略少／砂糖…1小匙略少／四季豆…4～5根／鹽…1小撮

■四季豆燙熟後，放入冰水中冰鎮。冷卻後取出，擦乾水分，抓鹽備用。

豆皮對切成2片，過滾水後放入調味料中煮3～4分鐘。

待煮至入味的豆皮放涼後，取出擰乾水分，用來包四季豆。

包的時候要確實捲緊。捲好之後切成適當的大小。

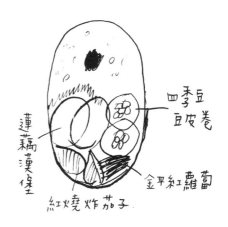

四季豆豆皮卷

金平紅蘿蔔

蓮藕漢堡

紅燒炸茄子

4 大飯糰便當

先生為了四處奔波、忙到不可開交的我，特地準備這道大飯糰便當。用前一天晚餐的剩菜，各取一些，包成扁平狀的大飯糰。少許的炒金平牛蒡、筍子、昆布、酸菜等，味蕾品嘗得到各種食材的滋味，實在太好吃了！還在路邊等紅綠燈，就趕緊打電話感謝先生的用心。

有時候忙於活動或企畫時，經常連吃飯的時間都沒有。

這時候，大飯糰便當就能在邊做事或移動中，單手拿著吃。

每一口咬下，有時是金平牛蒡，有時則吃到漬物或滷菜，各種滋味交錯融合，是一款充滿驚喜又美味的飯糰。

1 大飯糰

●1個：烤海苔⋯1片／白飯⋯1碗／各種飯糰配料（鹽漬蕪菁葉、鮭魚鬆、厚煎蛋、金平紅蘿蔔、山椒小魚乾、紅燒柴魚片、炒洋栖菜、滷鰹魚）⋯各一小口份量

■鹽漬蕪菁葉（將燙過的蕪菁葉切成碎末，以少許鹽拌勻）

■鮭魚鬆／鹹鮭魚烤熟後將魚肉撥碎，仔細挑除魚刺和魚皮。

■厚煎蛋／參照「圓筒飯便當」→22頁

■金平紅蘿蔔／參照「太陽旗便當」→16頁

■山椒小魚乾／參照「鮭魚便當」→36頁

■紅燒柴魚片／參照「本書使用方法」→8頁

■炒洋栖菜／參照「鮭魚便當」→36頁

■滷鰹魚（鰹魚⋯100公克，切成1公分塊狀／薑、水、八方高湯、味醂⋯各1大匙／醬油⋯1小匙）

將鰹魚和調味料混合放入小鍋中，蓋上落蓋（若沒有可用烘焙紙代替）燜煮約5分鐘。

大飯糰
裡面包含
豐富配料

4 大飯糰的作法

包大飯糰的訣竅，在於將白飯和配料像三明治一樣層層堆疊，而且配料要鋪滿至白飯邊緣才行。

如此一來飯糰才會好吃，咬下的每一口都能吃到配料。

配料盡量使用湯汁少的滷煮菜色或炒金平牛蒡、烤物等，份量各取一些即可。

若選用漬物和青菜，必須先確實擰乾水分並切成碎末，吃起來比較美味。

海苔要選用品質好的烤海苔。

1 將烤海苔平鋪。

2 在海苔上鋪上一層薄薄的白飯，形狀為三角形。

5 用海苔包起來。

6 用水將海苔邊緣沾濕，緊緊黏住。

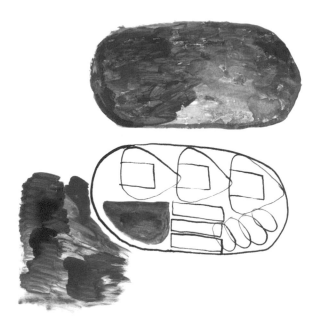

3 將配料鋪滿在白飯上。

4 蓋上一層薄薄的白飯。

7 把飯糰捏整成三角形。

8 完成。

5 圓筒飯便當

圓筒飯是日本會津地區的地方料理，據說是伐木工人上山工作時的便當。在圓形木盒中裝入以高湯炊煮的炊飯，上頭再擺滿各種食材，光用想的就很美味。

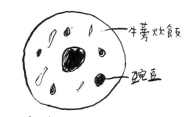

牛蒡炊飯
豌豆
烤鮭魚
金平紅蘿蔔
甜醋醬佐炸牛蒡餅
醃小黃瓜蔬菜絲
厚煎蛋

1 牛蒡炊飯

●米…1杯／牛蒡…¼根（45公克），削成片狀／豌豆…適量／油…1小匙／水…200毫升／八方高湯…2大匙

■米洗淨後浸泡約30分鐘。牛蒡以油炒香後，加入水和八方高湯，煮至沸騰。

將米濾掉水分，放入牛蒡以及牛蒡煮汁，加水（至電鍋適當刻度）一同炊煮。

煮好後拌入燙熟的豌豆。

2 醃小黃瓜蔬菜絲

●小黃瓜…1根，對半縱切／蕪菁、紅蘿蔔…各⅓個（30公克），切絲／鹽…適量／白高湯…適量

■小黃瓜和蔬菜絲分別抓鹽備用。

將蔬菜絲夾入小黃瓜中，加入蓋過食材的白高湯浸漬一晚。

放入便當前先將水分確實擰乾，並切成適當大小。

3 甜醋醬佐炸牛蒡餅

●金平牛蒡…60公克（參照「菜飯便當」→26頁）／蕎麥粉、水…各3大匙／炸油…適量／甜醋醬（水…1大匙／甜醋、八方高湯…各1大匙／黑芝麻…1小匙／砂糖…½小匙／芝麻油…少許）

■將蕎麥粉和水、金平牛蒡充分混合拌勻，均分成適當大小，以攝氏170度油溫油炸。以小鍋熬煮甜醋醬，完成後放入炸好的牛蒡餅並均勻沾裹醬汁。

4 厚煎蛋

●蛋…2顆／八方高湯…2小匙／鹽…少許／油…少許

■將蛋、八方高湯、鹽充分拌勻成蛋液。平底鍋充分熱鍋後倒入油，再將蛋液倒入，隨即轉小火，等到蛋表面煎熟後便熄火，以餘溫將蛋完全加熱至熟透。

在完成的厚煎蛋上蓋上濕紗布，防止表面乾燥，直到稍微冷卻。

5 金平紅蘿蔔

■參照「太陽旗便當」→16頁

6 其他

■烤鮭魚等

6 筍子便當

每到筍子的季節，老家高知就會收到許多人贈送的筍子。
新鮮現挖的筍子外殼上還帶有細毛，模樣就像隻小山豬。

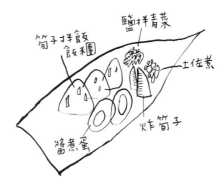

筍子的事先準備／水煮

■筍子盡量趁新鮮處理，以去除苦澀味。先將表面的泥土洗淨，剝去幾層外殼，再以斜刀切去尖端。

在筍子表面以縱刀劃下約三分深度，接著將筍子及一把米糠放入鍋中，加水淹過，一起加熱。水煮的時間視筍子大小和新鮮度而定，新鮮的小筍子約煮20分鐘，較大的則1小時左右。

以竹籤在筍子底部較硬的部位刺刺看，刺得進去就表示筍子已經熟了。

這時便可熄火，直接靜置2～3小時。接著取出筍子，剝去外殼，依喜好烹調。

將筍子泡在水中，冷藏約可保存2～3天。或是以高湯做成清燉筍子，較有利於長時間保存。

清燉筍子

●水煮筍子…230～250公克／水…200毫升／八方高湯…1大匙／砂糖…1小匙／昆布…5公克／鹽…1小撮

■將食譜份量的水和調味料、昆布、水煮筍子一起放入鍋中，蓋上鍋蓋煮約15分鐘。熄火後靜置約1小時，等待入味。

1 筍子拌飯

●清燉筍子…100公克，切成小片／米…2杯／水…315毫升／八方高湯…3大匙

■米洗淨後浸泡約30分鐘，之後加入八方高湯炊煮。煮好後加入筍片稍微拌勻即可。

2 炸筍子

●清燉筍子…70公克／大蒜、薑…各少許，磨成泥／醬油…1小匙／太白粉、炸油…各適量。

■將筍子依喜好切成適當大小，加入蒜泥、薑泥、醬油，充分拌勻沾裹後，撒上太白粉，放入攝氏170～180度的油中炸至金黃。

3 土佐煮

●燉蒟蒻…40公克，剝成適當大小／水…150毫升／八方高湯…1小匙／清燉筍子…40公克，切成適當大小的滾刀塊／麻油…1小匙／紅燒柴魚片…滿滿2大匙（參照「本書使用方法」→8頁）

■蒟蒻汆燙後濾掉水分，以水和八方高湯一同清燉。接著取出蒟蒻，和筍子一起以麻油拌炒，最後撒上紅燒柴魚片即可。

4 醬煮蛋

■參照「炸竹莢魚便當」→106頁

5 鹽拌青菜

■參照「豆皮壽司便當」→14頁
這裡使用的是一把油菜花。

7 菜飯便當

菜飯裡的菜葉，可以使用蕪菁葉或白蘿蔔的貫菜。貫菜即白蘿蔔生長前疏苗時摘除的葉子。現在市面上也買得到成把的貫菜，大小和油菜差不多。

1 菜飯

●米…1杯／水…180毫升／青菜（蕪菁葉或白蘿蔔的貫菜）…⅓把／鹽…1小撮
■將鮮嫩的青菜汆燙後放入冰水中冰鎮，接著確實擰乾水分，切成細末，拌入1小撮鹽混合均勻。
將米以食譜份量的水煮熟，稍微放涼後，加入青菜末拌勻。

2 金平牛蒡

●牛蒡…1根（200公克），切絲／麻油…1小匙／水…100毫升／八方高湯…1大匙
■牛蒡以麻油炒至水分快收乾、香氣散出時，加入水和八方高湯，以小火蓋鍋蓋煮約5分鐘。
時間到掀開鍋蓋，拌炒到收汁即可。

3 蓮藕丸子

蓮藕丸子的材料與蓮藕漢堡一樣，請參照「太陽旗便當」→16頁
●蓮藕丸子的番茄醬汁（水…50毫升／八方高湯…1大匙略少／砂糖…1小匙／番茄醬…2中匙／太白粉…½小匙）炸油…適量
■以蓮藕漢堡的作法拌好餡料，捏整成4公分左右的丸子狀，放入攝氏170～180度的熱油中油炸。
將番茄醬汁的材料混合均勻，以小鍋煮至濃稠，再放入炸好的蓮藕丸子均勻沾裹醬汁。

4 香菇可樂餅

●香菇…4朵／可樂餅餡料…適量（參照「飯糰便當」→12頁）／麵粉、蛋、麵包粉、炸油…各適量
■將香菇和可樂餅餡料緊密捏整成圓球狀，依序沾裹麵粉、蛋液、麵包粉，放入攝氏170～180度的油中炸至金黃。

5 柚子醋醃蕪菁

■參照「馬鈴薯麵包便當」→76頁

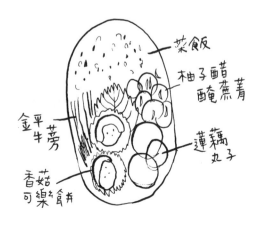

8 可樂餅麵包便當

我記憶中的可樂餅麵包，是以前朋友在某次賞花野餐時所做的可樂餅麵包。

大大的麵包裡，夾著一樣大片厚實的可樂餅。

一旁點綴著些許水芹，就沒有其他材料了。

後來無論我做過多少可樂餅麵包，都不及那天的美味。

1 可樂餅麵包

●烤3顆喜愛的小圓麵包或小型馬鈴薯麵包
→參照「馬鈴薯麵包便當」→76頁
喜愛的蔬菜…各適量（食譜照片中使用的是
紅皺葉萵苣、水芹、茴芹、防風草、菊苣）
／通心粉可樂餅…3個
■將麵包對半切開，夾入喜愛的生菜與可樂
餅即完成。

2 通心粉可樂餅

●3個直徑約8公分的可樂餅：馬鈴薯…中
型的2顆（170公克）／通心粉…30公克／
蘑菇…4個（50公克）／洋蔥…½小顆（50
公克）／奶油…1中匙／奶油乳酪…30公克
／鹽…½小匙／胡椒…適量／麵粉、蛋、麵
包粉、炸油…各適量／豬排醬、番茄醬…各
適量
■馬鈴薯水煮熟透後壓碎，加入奶油乳酪拌
勻。通心粉煮熟後瀝乾備用。
蘑菇和洋蔥切末，以奶油、鹽和胡椒炒熟
後，加入馬鈴薯泥中拌勻。
再加入通心粉稍微拌勻後，放入冰箱冷藏。
因為在溫熱的狀態下不易捏形。
等到確實冷卻後，分成3等份，配合麵包的
形狀簡單捏整成扁平狀。通心粉露出也無妨。
將捏好的可樂餅依序沾裹麵粉、蛋液、麵包
粉，以攝氏180度油溫炸至金黃。
混合相同份量的豬排醬與番茄醬，適量淋在
炸好的可樂餅上。

紅皺葉萵苣
防風草
水芹、茴芹
菊苣

通心粉可樂餅

9 印度風味便當

每一種印度料理各有適合使用的香料，就像「鷹嘴豆沙拉」會使用沙拉專用香料粉（Chat Masala）。印度風味的炊飯「印度香料飯」，或是拌炒料理「蔬菜咖哩」，也都會利用香料來添增風味。但要一次備齊各種香料實在太麻煩了，因此在這裡只簡單使用了印度綜合香料（Garam Masala）來製作。

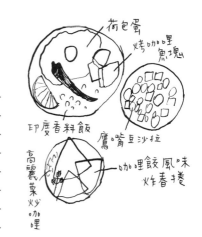

荷包蛋
烤咖哩魚塊
印度香料飯
鷹嘴豆沙拉
高麗菜炒咖哩
咖哩餃風味炸春捲

1 印度香料飯

●洋蔥⋯1小顆（80公克），切末／甜椒⋯1顆，切粗末／橄欖油⋯1大匙略少／鹽⋯1小匙

■將洋蔥與甜椒，以橄欖油和鹽簡單拌炒後備用。

●糙米⋯2杯／水⋯180毫升／椰奶⋯180毫升／鹽⋯1小匙／月桂葉⋯2片／奶油⋯1大匙略少／印度綜合香料⋯1小匙／蛋⋯1顆／鹽、油⋯各適量／青辣椒、檸檬⋯各適量

■蛋加入少許鹽，煎成荷包蛋。糙米洗淨後，連同所有食材（除了青辣椒和檸檬以外）一同放入壓力鍋中，以大火加熱，沸騰後轉微小火煮25分鐘便熄火。等鍋內壓力完全下降後，打開鍋蓋稍微拌勻。接著將事先炒好的蔬菜加入煮好的糙米飯簡單拌勻，最後以鹽調味。在完成的香料飯上擺上荷包蛋、青辣椒和檸檬。

2 烤咖哩魚塊

●旗魚⋯100公克，切成一口大小／優格⋯2大匙／印度綜合香料⋯½小匙／砂糖⋯1小匙略少／鹽⋯½小匙／橄欖油⋯1小匙

■將旗魚以外的所有食材混合均勻，放入旗魚醃漬約2小時。以烤網或平底鍋將魚烤至金黃即可。

3 咖哩餃風味炸春捲

●春卷皮⋯4張／炸油⋯適量
馬鈴薯⋯2顆（250公克），切成1公分丁狀／洋蔥⋯1顆（120公克），切末／印度綜合香料⋯1小匙／鹽⋯1小匙／橄欖油⋯1大匙略少／水⋯2大匙

■將春卷的餡料放入小鍋中，以中火加熱。等到馬鈴薯煮熟、鍋中水分收乾便可熄火。稍微放涼後，切成4等份，以春卷皮包好，放入炸油中炸至金黃。

4 高麗菜炒咖哩

●高麗菜⋯2～3片（150公克），切片／洋蔥⋯中型的½顆（50公克），切末／印度綜合香料⋯½小匙／鹽⋯2公克／橄欖油⋯½小匙

■洋蔥以橄欖油稍微拌炒後，加入印度綜合香料和高麗菜，並以鹽調味。高麗菜放後拌炒約10秒即可熄火。

5 鷹嘴豆沙拉

●水煮鷹嘴豆⋯100公克／番茄⋯½顆（100公克），切丁／洋蔥⋯¼顆（30公克），切末／印度綜合香料⋯½小匙／檸檬汁⋯1大匙／鹽⋯½小匙／香菜、青辣椒⋯各適量

■將全部食材混合拌勻，依喜好加入香菜末或青辣椒末。

10 豆子糙米炊飯便當

我不太愛吃豆子，卻很喜歡豆子糙米炊飯。
無論用的是黃豆、紅豆或金時豆※，炊煮的
方法都一樣，以糙米和豆子加入同份量的
水，再撒少許鹽一同炊煮就可以了。
我用的壓力鍋是日本製的「平和」壓力鍋。

※編按：為一種腰豆，豆呈赤紫色，較紅豆大顆，適合做以砂糖煮的「甘
煮豆」，亦可用於西洋料理。

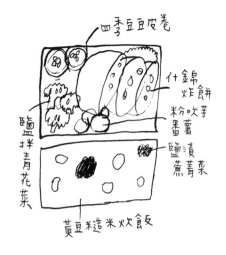

1 黃豆糙米炊飯

●糙米…2杯／黃豆…2大匙／鹽…1小撮／
水…390毫升（與糙米＋黃豆同份量）
■糙米和黃豆稍微洗淨瀝乾，以鹽和同份量
的水一起放入壓力鍋中。
一開始以大火加熱壓力鍋，等到沸騰、壓力
鍋的壓力閥發出聲響時，轉微小火煮約25分
鐘。時間到便熄火，靜待壓力完全降下。
確認壓力完全降下後，打開鍋蓋稍微翻拌均
勻即可。
若少了翻拌的步驟，鍋中多餘的水分將無法
蒸發，最後會使得米飯變得濕軟。

2 什錦炸餅

●蝦子、蔥、鴻喜菇…各20公克／蕎麥粉、
水…各2大匙／鹽…2公克／麵包粉、炸油…
各適量／伍斯特醬…適量
■蝦子和鴻喜菇切成1公分塊狀，蔥切成蔥
花。將蕎麥粉、水、鹽混合均勻，加入切好
的蝦子、鴻喜菇、蔥花後再拌勻，分成3等
份。接著裹上麵包粉，捏整成圓餅狀。
放入攝氏170～180度的油裡炸至金黃。炸
好後淋上適量伍斯特醬。

3 粉吹芋番薯

●番薯…½顆（100公克）／鹽…適量
■番薯去皮，切成2～3公分塊狀，泡水後
稍微汆燙、瀝乾。
再一次加水將番薯煮到變軟，接著倒掉水，
在不離火的狀態下搖晃鍋子，使食材表面水
分蒸發、呈粉糊狀。最後以鹽調味。

4 鹽拌青花菜

●青花菜…⅓顆（100公克）／白芝麻…1小
匙／鹽…½小匙
■青花菜切成一口大小，汆燙後放入水中冰
鎮。接著瀝乾水分，加入鹽拌勻，再撒上白
芝麻即可。

5 鹽漬蕪菁葉

蕪菁葉燙熟後切末，撒上適量鹽。

6 四季豆豆皮捲

■參照「太陽旗便當」→16頁
這裡使用的是四季豆和蘆筍。

酸菜飯便當

這是白飯配上滿滿炒酸菜和蛋絲的便當。使用長時間
醃漬的酸菜，酸味和鹹度較重，因此切末後必須先泡
水去除酸味和鹹度，才能拿來料理。
酸菜保留適當酸味才會好吃，可藉由試味道來調整浸
泡時間。

1 炒酸菜

● 酸菜…200公克／麻油…1中匙／八方高
湯…1大匙／辣椒…適量

■ 酸菜切末，泡水約30分鐘去除鹹味。
將酸菜擰乾，以大火拌炒。炒熟後加入八方
高湯和辣椒，續炒至水分炒到收乾即可。

2 紅蘿蔔炒明太子

● 紅蘿蔔…中型的1根（200公克），切絲／
油…1中匙／鹽…2公克／明太子…1條（35
公克），切圓片

■ 紅蘿蔔絲撒上鹽，用手稍微抓鹽。
待紅蘿蔔變軟後，放入鍋中以中火炒熟。接
著放入明太子充分翻炒均勻，明太子炒熟即
完成。

3 醬煮沙丁魚

● 沙丁魚…3～4尾／水…150毫升／砂糖…
1.5大匙／八方高湯…2大匙／醬油…1中匙
／白芝麻…3大匙／清燙蘆筍、紫蘇、紅皺
葉萵苣…各適量

■ 沙丁魚切除頭尾，將魚身切成3等份圓片
狀，去除內臟並洗淨瀝乾。將水、砂糖、八
方高湯、醬油放入鍋中煮滾，接著放入沙丁
魚，再次沸騰後蓋上落蓋，以小火煮20分
鐘。時間到將魚肉翻面，再煮約10分鐘。
當煮汁快收乾時，在魚肉上均勻撒上白芝
麻，熄火。

搭配清燙蘆筍、紫蘇、紅皺葉萵苣一起放入
便當中。

4 蛋絲

● 蛋…1顆／八方高湯…1小匙／油…少許

■ 將蛋攪拌均勻後，加入八方高湯調味，倒
入鍋中煎成蛋皮後切絲。

5 醃小黃瓜蔬菜絲

■ 參照「圓筒飯便當」→ 22頁

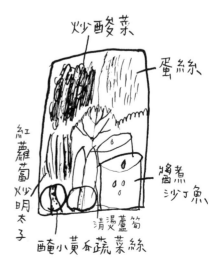

炒酸菜
蛋絲
紅蘿蔔炒明太子
醬煮沙丁魚
清燙蘆筍
醃小黃瓜蔬菜絲

12 鮭魚便當

烤鮭魚、烤明太子、醃蘿蔔、醃脆梅、鹹昆布，
這樣的便當組合，不禁讓人想帶著到河邊去釣魚。
如果再配上熱茶，還能做成茶泡飯，
各種配菜的味道融入白飯中，真是太美味了。

1 烤鮭魚
●鹹鮭魚…1片
■將鮭魚烤至恰到好處。

2 炒羊栖菜
●羊栖菜…20公克（泡開後為90公克）／橄
欖油…2小匙／醬油…1大匙略少／水…60
毫升
■將泡開的羊栖菜過水汆燙後瀝乾，放入鍋
中以橄欖油炒2～3分鐘，加入水和醬油，
蓋上鍋蓋燜煮4～5分鐘。
時間到即打開鍋蓋，繼續拌炒至收汁即可。
這道菜可事先做好備用，用來做羊栖菜拌飯，
或是拌入沙拉、炒金平牛蒡，都非常方便。

3 山椒小魚乾
●小魚乾…100公克／水煮山椒…30公克／
水…2大匙／味醂…2大匙／薄口醬油…½大
匙
■將所有食材放入鍋中，蓋上落蓋，以小火
燉煮。挑選小魚乾時以薄鹽風味為佳。

4 紅燒炒牛蒡紅蘿蔔
■參照「海苔飯便當」→38頁

5 其他
■烤明太子、醃蘿蔔、醃脆梅、紅燒昆布
（參照「本書使用方法」→8頁）等。

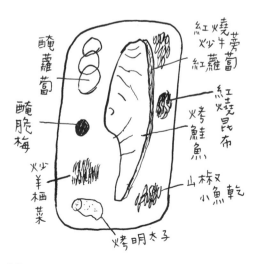

13 海苔飯便當

國中時，學校附近的便當店，最便宜的就是海苔飯便當，一個260日圓。裡頭放著一大塊幾乎快讓便當蓋不起來的炸白肉魚，還配上炸海苔竹輪、醃得紅通通的白蘿蔔，以及裝在魚造型瓶子裡的伍斯特醬。掀開海苔還可看到白飯上鋪著一層紅燒柴魚片。這個食譜就是重現那時候的便當，就連當時覺得可有可無的紅燒炒牛蒡紅蘿蔔，也一起完整呈現了。

1 炸白肉魚

●白肉魚…1片／鹽、胡椒…各適量／麵粉、蛋、麵包粉、炸油…各適量／醬汁…適量
■在白肉魚上撒點鹽和胡椒後，依序沾裹麵粉、蛋液和麵包粉，以攝氏170～180度油溫炸至金黃。炸好後淋上醬汁。

2 炸海苔竹輪

●竹輪…1根／麵粉…1大匙／水…1.5大匙／太白粉…1小匙／鹽…1小撮／青海苔粉…1小匙／炸油…適量
■將水、麵粉、太白粉、鹽、青海苔粉混合拌成麵糊，放入竹輪沾裹，以攝氏170～180度油溫炸至金黃。

3 紅燒炒牛蒡紅蘿蔔

●牛蒡…½根（90公克），削成片狀／紅蘿蔔…½根（45公克），削成片狀／油…1大匙／砂糖…1中匙／八方高湯…1又⅓大匙／水…100毫升
■牛蒡以油炒香，接著加入水、砂糖、八方高湯煮至沸騰，再放入紅蘿蔔續炒至收汁。

4 紅燒柴魚片

■參照「本書使用方法」→8頁

5 甜醋醃紅蕪菁（取代紅色的醃蘿蔔）

■參照「豆皮壽司便當」→14頁

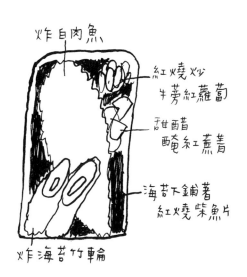

炸白肉魚
紅燒炒牛蒡紅蘿蔔
甜醋醃紅蕪菁
海苔下鋪著紅燒柴魚片
炸海苔竹輪

14 海苔飯卷便當

不同於日本的海苔壽司用的是醋飯，韓國的海苔飯卷是以麻油和鹽調味的白飯，裡頭包捲涼拌山菜或蔬菜、泡菜、醃蘿蔔、厚煎蛋、生菜等餡料。觀察韓國街上的海苔飯卷，從路邊攤只包著醃蘿蔔和芝麻的單純海苔飯卷，到包著堅果、海鮮、味噌絞肉等各種豐富的創新口味，可說應有盡有。

1 海苔飯卷

●2卷：糙米飯、黑米飯…各一碗略少／海苔…2張／白芝麻…½大匙／松子…½大匙／麻油…適量／鹽…適量／金平紅蘿蔔（參照「太陽旗便當」→16頁）…適量／金平牛蒡（參照「菜飯便當」→26頁）…適量／萵苣…1片，切成寬約3公分的長段／油豆腐…½片，切長段／高湯（水…50毫升／八方高湯…½大匙／砂糖…½小匙）／小黃瓜…1根，切絲／紫蘇…4片，切對半／清燙四季豆…4根

■油豆腐以高湯稍微煮過後，擰乾備用。
在每一片海苔上薄薄且均勻地鋪上一碗米飯。
將萵苣、金平紅蘿蔔、金平牛蒡、油豆腐、小黃瓜、四季豆、紫蘇、白芝麻、松子堆疊在米飯上，緊緊包捲起來。
捲好之後，在海苔飯卷的表面薄薄刷上一層芝麻油，並均勻撒上些許鹽。

2 涼拌櫛瓜

●櫛瓜…1根／鹽…1小撮／芝麻油…1小匙／松子…1小匙
■櫛瓜切成約5公分厚的圓片，抓鹽後擰乾水分。
將櫛瓜和鹽、芝麻油、松子充分拌勻。

3 炸茄子佐生薑醬油

●茄子…1根／生薑醬油（薑…1大匙，切末／八方高湯…1大匙／砂糖…1小匙／醋…1小匙）／炸油…適量
■把生薑醬油的材料混合拌勻備用。
茄子切成適當大小，並在表面劃刀，放入攝氏180度油中炸熟。撈起瀝乾後裹上適量的生薑醬油。

4 紅白泡菜

●白蘿蔔…⅒根（100公克），切絲／紅蘿蔔…⅓根（40公克），切絲／鹽…½小匙／甜醋…2大匙
■白蘿蔔與紅蘿蔔稍微抓鹽後，淋上甜醋醃漬入味。

I4 海苔飯卷的作法

我家的海苔飯卷一定會包金平牛蒡和金平紅蘿蔔，
鹹鹹甜甜、有著脆脆口感的炒金平，搭配蔬菜一起
吃，滋味非常棒。

如果沒有炒金平，也可以改包當季食材或油菜花、
山菜、菠菜做的涼拌菜，清燙蝦子、蘆筍、厚煎蛋
也行，可以盡情包捲自己喜歡的美食。

1 準備好麻油、鹽、蔬菜、炒金平等
飯卷裡的材料。

2 取海苔一張，均勻平鋪上一碗略少
的米飯。海苔前端保留些許黏貼的
空間。

5 海苔前端用水沾濕，將飯卷緊緊包
捲黏好。

6 海苔飯卷本體完成。

3 將蔬菜、炒金平、四季豆等材料堆疊在米飯上。

4 從靠近自己的一端將材料捲起來。包捲時小心別讓材料散開來了。

7 在手掌抹上麻油。

8 以手掌將麻油薄薄塗抹在包好的飯卷上，最後均勻撒上些許鹽調味即完成。

15 田舍壽司

田舍壽司是日本高知縣當地的鄉土料理，鄰海地方使用的食材是魚，靠近山的地區，則會用蔬菜來製作這道壽司。田舍壽司的種類繁多，有的是將醋飯包在一種名為淡竹的筍子中再切片，也有以醋漬蘘荷或紅燒香菇來包醋飯的壽司，或是將蒟蒻做成填裝醋飯的袋子，燉煮成紅燒風味。這裡將示範蒟蒻和蕪菁兩種作法。

1 田舍壽司

●醋飯…約2碗（米…1杯／水…170毫升／昆布…2～3公克／壽司醋…2大匙／薑末…1小匙／白芝麻…1小匙）

■壽司醋中加入薑末和白芝麻拌勻。

米洗淨後放入昆布，浸泡約20分鐘後再炊煮。煮好之後淋上調好的壽司醋拌勻。

●蒟蒻…⅓塊／高湯（水…150毫升／八方高湯…2大匙／砂糖…1小匙）／蕪菁…½顆／紅醋…適量

■蒟蒻切成0.5公分片狀，從中間劃開呈袋狀。稍微汆燙瀝乾，以食譜份量的高湯煮約15分鐘，熄火後靜置約1小時，等待入味。

蕪菁去皮，切成0.3～0.4公分的半月形，從中間劃開呈袋狀。放入蓋過食材的紅醋中醃漬。

將蒟蒻和蕪菁瀝乾。

取握壽司份量的醋飯捏緊，填入蒟蒻和蕪菁的切口中。

2 浸煮油菜花、蕪菁、高麗菜苗

●油菜花…4～5根／蕪菁…1顆，切¼圓形／高麗菜苗…3～4顆，對半縱切／白高湯…適量

■油菜花、蕪菁、高麗菜苗稍微汆燙後，放入冰水中冰鎮。

冷卻後擦乾水分，放入蓋過食材的白高湯中浸漬1小時至一晚。

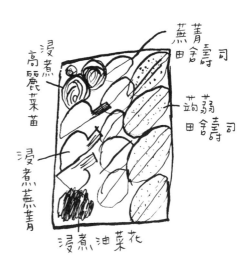

16 竹葉飯

以山白竹葉包著拌有百合根的鯛魚飯。
竹葉的香氣會滲透到白飯裡，非常美味。
隔日食用前直接用竹葉包起，或蒸或烤，
也很好吃。

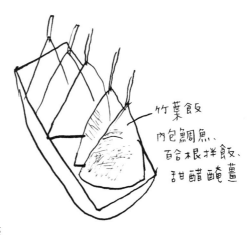

竹葉飯
內包鯛魚、
百合根拌飯、
甜醋醃薑

1 竹葉飯

●山白竹葉⋯10片／米⋯2杯／水⋯150毫
升／八方高湯⋯3大匙／鹽⋯2公克／鯛魚切
片⋯2片（130公克）／百合根⋯½顆
■米洗淨後浸泡約30分鐘。將水和八方高湯
一起煮滾，放入鯛魚和百合根煮熟。
取出鯛魚和百合根瀝乾。以剩餘的煮汁加水
（至電鍋適當刻度），用來煮米。
飯快煮好時，加入鯛魚和百合根一起蒸煮。
煮好之後稍微拌勻，以鹽調味。
將米飯均分成10等份，捏成飯糰，擺上甜醋
醃薑，以山白竹葉包起來。

甜醋醃薑

●薑⋯20公克／甜醋⋯2大匙
■薑盡可能切成細絲，放入甜醋中醃漬保
存。薑要沿著纖維縱切，口感比較好。
冷藏約可保存1週至10天。

15 田舍壽司的作法

事先將醋飯捏成蕪菁或蒟蒻的大小。

用製作小型豆皮壽司的手法，將醋飯填塞到食材中。

蕪菁壽司的填塞方法

1 在用刀劃開呈袋狀的蕪菁裡，塞入捏成握壽司大小的醋飯。

2 調整形狀，使醋飯完全塞入蕪菁中。

蒟蒻壽司的填塞方法

1 蒟蒻從中間劃開呈袋狀並煮過後，塞入稍微塑形的醋飯。

2 調整形狀，使醋飯完全塞入蒟蒻中。

16 竹葉飯的作法

市面上的山白竹葉分為帶枝及不帶枝兩種。

以帶枝的竹葉來包比較不會散開，

調整形狀也比較方便。

1 　將竹葉尾端摺成三角錐狀。

2 　放入稍微塑形的米飯。

3 　將竹葉枝穿過三角錐的尖端。

4 　拉著竹葉枝將飯糰調整成三角形。

17 黑米便當

配合黑米飯的顏色，魚肉也裹上黑芝麻再油炸，
香氣十足，非常好吃。
紫高麗菜切好之後要立即拌入檸檬汁，或是淋上
醋拌勻，如此一來就能保持鮮豔的顏色。

1 黑米飯
●白米和黑米合計1杯（白米…120公克／黑
米…30公克）
■黑米炊煮後口感較白米硬，因此事先可泡
水一晚，或是先煮滾後再放入電鍋中炊煮。
直接以浸泡米的水或煮過的水加入（至電鍋
適當刻度）炊煮。

2 炸黑芝麻白肉魚
●白肉魚…2片／鹽、胡椒…各適量／麵粉、
蛋、黑芝麻、炸油…各適量
■白肉魚抹上鹽和胡椒後，依序沾裹麵粉、
蛋液、黑芝麻，放入攝氏170～180度熱油
中炸熟。

3 紅醋漬白蘿蔔／蘘荷
●白蘿蔔、蘘荷、紅醋…各適量
■白蘿蔔切成¼圓薄片，蘘荷對半縱切。將
兩者泡在蓋過食材的紅醋中約一晚，直到醃
漬入味。
冷藏約可保存3週，可事先做好備用。

4 涼拌紫高麗菜
●紫高麗菜葉…3～4片（150公克），切絲／
鹽…½小匙／檸檬汁…½小匙／橄欖油…1
小匙／砂糖…1小匙略少／芥末籽醬…1小匙
■紫高麗菜切絲後立刻淋上檸檬汁拌勻，再
加入其他調味料和香辛料，混合拌勻即可。

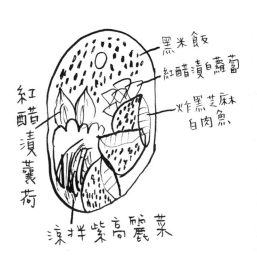

黑米飯
紅醋漬白蘿蔔
炸黑芝麻
白肉魚
紅醋漬蘘荷
涼拌紫高麗菜

18 三明治

我試著用炸車麩（即車輪麵麩）來做三明治。
看起來好像很美味，但配色上單調了點。
各位不妨加點番茄、厚煎蛋等紅黃色的食材，
營造視覺美感。

1 三明治

●事先處理好的車麩…2片／胡椒…少許／
麵粉、蛋、麵包粉、炸油…各適量／醬汁…
適量／三明治土司…4片／萵苣…4～5片／
小黃瓜…1根，切片／清燙青花菜…2小朵／
鹽…適量

■在事先處理好的車麩上撒上胡椒，依序沾
裹麵粉、蛋液、麵包粉，以攝氏170～180
度油溫炸至金黃。

炸好後依喜好淋上醬汁。

在土司上擺上萵苣、小黃瓜片、車麩，最後
將青花菜塞在車麩中間的孔洞裡。均勻撒上
些許鹽，再以另一片土司蓋起來。輕輕按住
三明治，防止裡頭的食材掉出來，以刀子切
成適量大小。

車麩事前處理

●車麩…2片／水…250毫升／八方高湯…
2～3大匙

■將車麩浸泡在大量水中，泡開後擰乾水分。
注意不要將車麩捏碎。

將食譜份量的水和高湯一同煮滾，放入車麩
煮4～5分鐘，煮好後撈起瀝乾。

待車麩冷卻後，擰乾水分，依喜好做成炸物。

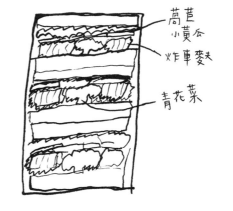

萵苣
小黃瓜
炸車麩
青花菜

19 貝果三明治

貝果蒸過之後再做成三明治，放置數小時仍可維持彈性口感，非常好吃。
蔬菜盡量放得滿滿的，不只美味，切開的斷面也很漂亮。

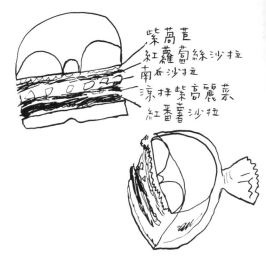

1 貝果三明治

●貝果…2個／南瓜沙拉、涼拌紫高麗菜、紅番薯沙拉、紅蘿蔔絲沙拉…各適量／紫萵苣…2片

■將貝果事先蒸好，放至冷卻，對半橫切成上下兩片。
依序將紫萵苣、紅番薯沙拉、紅蘿蔔絲沙拉、涼拌紫高麗菜、南瓜沙拉層疊在貝果上。輕輕壓住貝果，以烘焙紙包起來。
對半切成適當大小。

南瓜沙拉

●南瓜…⅛顆（100公克）／鹽、胡椒…各少許／油…1小匙／美乃滋…1.5大匙
■南瓜切成1公分小丁，加入鹽、胡椒、油混合拌勻後，放入攝氏170度的烤箱中烤約15分鐘。
冷卻後加入美乃滋混合拌勻。

紅番薯沙拉

●紅番薯…½根（100公克）／鹽…適量／美乃滋…1.5大匙／胡椒…少許
■紅番薯帶皮蒸至竹籤可刺穿為止。蒸好趁熱剝去外皮，壓成泥，使多餘水分蒸發。
放涼後加入鹽、胡椒、美乃滋拌勻。

紅蘿蔔絲沙拉

●紅蘿蔔…1小根（100公克），切絲／鹽…½小匙／橄欖油…1中匙／檸檬汁…½小匙／胡椒、小茴香…各適量
■紅蘿蔔絲加入調味料和香辛料，混合拌勻即可。

涼拌紫高麗菜

參照「黑米便當」→50頁

20 押壽司

我曾品嘗過富士縣的名產「押壽司」。海苔、白肉魚鬆和醋飯緊緊層層相疊，份量十足。據說得用大重石壓上約1個小時才行。

1 押壽司

●醋飯⋯約1碗半（參照「田舍壽司」→44頁）／蛋⋯1顆／八方高湯⋯1小匙／油⋯1小匙略少／小黃瓜⋯1根，切片／紅蕪菁⋯½顆，切片／紅蘿蔔⋯⅓根，切片／鹽⋯1小撮／押壽司專用昆布⋯2～3片／甜醋⋯適量／紫蘇⋯4～5片／醋橘⋯適量

■將1顆蛋和八方高湯均勻攪拌成蛋液，煎成蛋皮。

把用來做鯖魚押壽司的昆布稍微以甜醋煮過。

切片蔬菜以1小撮鹽抓過後瀝乾。

可用紗布巾用按壓的方式將水分擦乾。不要用手擰乾，以免把蔬菜抓爛。

紅蕪菁和紅蘿蔔淋上適量甜醋，靜置約10分鐘後，再將多餘水分擦乾。小黃瓜無須處理。

取一個適當大小的便當盒，裡頭鋪上保鮮膜。先鋪上蛋皮，接著鋪一層薄薄的醋飯，然後是小黃瓜和紫蘇。再鋪上一層薄醋飯，依序放上紅蕪菁、紅蘿蔔、昆布。完成後上方以重石壓約30分鐘，最後切成適當大小。

一旁搭配酢橘。

2 蔥花厚煎蛋

■參照「舞菇拌飯便當」→88頁

3 鹽漬清燙甜豆

●甜豆⋯4～5個／鹽⋯1小撮

■甜豆剝去蒂頭和粗絲，以滾水稍微汆燙後撈起，放入冰水中冰鎮。

剝開豆莢，以1小撮鹽確實抓醃即可。

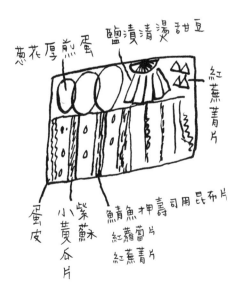

蔥花厚煎蛋　鹽漬清燙甜豆　紅蕪菁片
蛋皮　小黃瓜片　紫蘇　鯖魚押壽司用昆布片　紅蘿蔔片　紅蕪菁片

21 生薑拌飯便當

在剛煮好的白飯裡，簡單拌入胡椒和稍微炒過的薑，就非常好吃。

薑的份量可依喜好增加。在嫩薑剛上市的季節，可以用新鮮嫩薑來製作這道拌飯。便當中的車麩，好吃的祕訣在於炸得酥脆。

1 生薑拌飯

●米…1杯／水…180毫升／薑末…2大匙／油…1小匙／醬油…1小匙／胡椒…適量／醋橘…適量／醃蘿蔔…適量

■薑以大火稍微拌炒後，加入醬油炒香。米以食譜份量的水炊煮，煮好後加入胡椒和炒過的薑大致拌勻。

完成後撒上醋橘皮絲。

一旁搭配醃蘿蔔絲。

2 炸車麩

●事先處理好的車麩…1片（參照「三明治」→52頁）／大蒜…少許，磨成泥／醬油…1小匙／太白粉、炸油…各適量

■車麩切成適當大小，以蒜泥和醬油醃漬後，表面沾裹太白粉，放入攝氏170～180度的油炸至金黃。

3 金平荒布※

●荒布…細絲15公克（泡開後100公克）／油…1中匙／八方高湯…1.5大匙

■荒布以水浸泡約2～3小時。

泡開後，稍微汆燙並瀝乾，再以油和八方高湯炒熟。

※編按：荒布是種深棕色的海帶，細長如線，以傳統方式風乾製作，風味甘甜溫和，口感帶有嚼勁。

4 涼拌塌菜

●塌菜…½把／鹽…1小撮／麻油…1小匙／白芝麻…1小匙

■塌菜稍微汆燙後撈起，放入冰水中冰鎮，再確實擰乾水分。

加入芝麻油、鹽、白芝麻拌勻。

5 甜醋醃紅蕪菁

■參照「豆皮壽司便當」→14頁

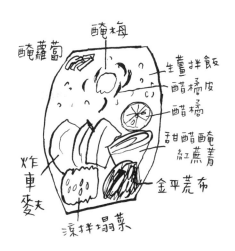

醃梅
醃蘿蔔
生薑拌飯
醋橘皮
醋橘
甜醋醃紅蕪菁
炸車麩
金平荒布
涼拌塌菜

22 醃橄欖便當

我一直覺得醃橄欖的味道，很像酸梅籽裡頭的果仁，又酸又鹹，非常適合搭配白飯，因此設計出了這個便當。

市面上醃橄欖種類繁多，瓶裝、罐頭、袋裝皆有。找到自己喜歡的鹹橄欖種類，也是一種樂趣。如果鹹度、酸度太強，或氣味太重，可以先汆燙再泡水，以去除鹹度。

1 鹹橄欖

●鹹橄欖…適量

■各種品牌的鹹橄欖味道不同，若氣味或味道太重，可先汆燙再泡水，以去除鹹度。

2 歐姆蛋

●蛋…2顆／甜椒…20公克／洋蔥…20公克／鹽…⅔小匙／胡椒…適量／乳酪絲…15公克／橄欖油…2小匙／茴芹…適量

■甜椒、洋蔥切末，以橄欖油炒熟。

蛋液中加入炒過的蔬菜和乳酪絲，並以鹽和胡椒調味，倒入鍋中以橄欖油煎成歐姆蛋。最後以茴芹裝飾。

3 醃白花椰菜

●水…200毫升／醋…2大匙／月桂葉…2～3片／胡椒…整粒約10粒／昆布…3公克，切成適當大小／鹽…1小匙／砂糖…1大匙／洋蔥…½小顆（40公克）／白花椰菜…⅙顆（100公克）

■白花椰菜切成適當大小，洋蔥切成月牙形的薄片。

將水、調味料、昆布、香辛料混合煮滾後熄火，趁熱放入蔬菜醃漬。

4 炸牛蒡

●牛蒡…100公克／醬油…1中匙／大蒜…少許，磨成泥／醬油…1中匙／胡椒…適量／太白粉、炸油…各適量

■牛蒡切成5公分長段，再縱切成適當粗細，以差不多蓋過食材的水加醬油汆燙5～6分鐘，在保留些許口感時撈起瀝乾。稍微放涼後加入醬油、蒜泥、胡椒調味。

將調味過的牛蒡拍裹上太白粉，以攝氏170～180度油溫炸至金黃。

5 酥煎白肉魚

●白肉魚…1片（130公克）／鹽…1小撮／胡椒…適量／低筋麵粉…適量／橄欖油…1中匙

■在白肉魚片上撒上鹽、胡椒和低筋麵粉，放入平底鍋中，以橄欖油煎至表面金黃。

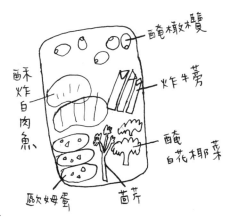

醃橄欖
炸牛蒡
醃白花椰菜
酥炸白肉魚
歐姆蛋
茴芹

23 烤飯糰便當

現烤的烤飯糰，表面被烤網烤焦的部分非常美味，但冷掉之後口感會變得很硬。如果要做成便當，只要以平底鍋將最後淋上的醬油煎到上色就好。

1 烤飯糰

●米…1杯／水…180毫升／醬油…1中匙／鹽…少許／油…1中匙／最後上色的醬油…1中匙／山椒嫩芽…適量

■米以食譜份量的水煮成白飯後，淋上醬油和少許鹽稍微拌勻，捏成適量大小的飯糰。

平底鍋充分熱鍋後，倒入油，擺入飯糰乾煎。注意不要煎過頭，以免冷掉後口感變硬。待飯糰兩面稍微上色後，淋上最後的上色醬油，煎至飯糰上色即可。最後在飯糰上擺上山椒嫩芽。

2 烤蔬菜

●小洋蔥…5顆／南瓜…⅛顆／紅蘿蔔…⅓根／白花椰菜…⅛顆（以上蔬菜各75公克，總計300公克）

橄欖油…1大匙／小茴香…¼小匙／鹽…1小撮／胡椒…適量

■所有蔬菜切成適當大小，加入油、調味料、香辛料混合抓揉拌勻，均勻沾裹在食材上。

放入預熱至攝氏180度的烤箱中烤10分鐘，取出較快熟的白花椰菜，其他蔬菜再繼續烤5～8分鐘。

視蔬菜烘烤的狀態調整溫度，避免烤焦。直到最慢熟的紅蘿蔔可用竹籤刺穿即完成。

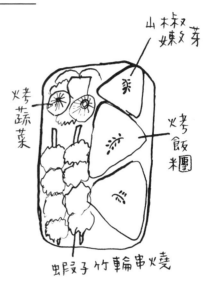

山椒嫩芽
烤蔬菜
烤飯糰
蝦子竹輪串燒

3 蝦子竹輪串燒

●蝦仁…6尾／竹輪…2根／鹽、胡椒…各少許／竹籤…2根／麵粉、蛋、麵包粉、炸油…各適量／醬汁…適量

■麵包粉如果顆粒太粗，先以食物調理機或研磨鉢稍微磨細。

蝦仁挑除腸泥，撒點鹽和胡椒調味。竹輪切成蝦仁的大小。

將處理好的蝦仁和竹輪分別依序裹上麵粉、蛋液、麵包粉，再以竹籤串好，放入攝氏170～180度的油炸至金黃。

炸好後趁熱淋上少許醬汁。視蔬菜烘烤的狀態調整溫度，避免烤焦。直到最慢熟的紅蘿蔔可用竹籤刺穿即完成。

24 南島便當

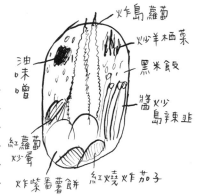

之前住在沖繩時，附近的鄰居經常做便當給我吃。便當上總會有個以芒草葉打的結，當地人稱為「SAN」，有避邪的作用。

據說只要有這個芒草結，「Mazimun」（沖繩當地傳說中的一種邪靈）就不會跑到便當裡，料理也就不會腐敗。

1 炸島蘿蔔

島蘿蔔是一種黃色、細長形的紅蘿蔔。買不到可用一般紅蘿蔔代替。

●島蘿蔔…1根（80公克）／鹽…1小撮／麵粉、蛋、麵包粉、炸油…各適量

■島蘿蔔縱切成4～6等份，以鹽水汆燙後依序沾裹麵粉、蛋液、麵包粉，放入油鍋中炸熟。

2 醬炒島辣韭

若沒有島辣韭，可用珠蔥代替。

●島辣韭…10根（50公克）／油…1小匙／醬油…1小匙

■辣韭以中火拌炒。

辣韭稍微上色時，倒入醬油均勻沾裹後熄火。

3 炸紫番薯餅

這是以番薯沾裹葛粉油炸而成的一種沖繩點心。正統作法是以葛粉代替樹薯粉作為裹粉，如果買不到葛粉，也可用太白粉代替。

●6塊：紫番薯…½顆（130公克）／太白粉…1.5大匙／紅蘿蔔…25公克，切小片／韭菜…20公克，切末／炸油…適量／鹽…1小撮／油…1小匙略少

■將紫番薯蒸熟。中型大小約蒸20～25分鐘。紅蘿蔔和韭菜以油和鹽稍微炒過。將蒸好的紫番薯、太白粉、炒過的蔬菜充分拌勻，捏整成6顆圓球，再壓成扁平狀，放入炸油中炸熟。

4 紅蘿蔔炒蛋

●紅蘿蔔…1小根（100公克）／鹽…½小匙／油…1中匙／蛋…1顆／八方高湯…1小匙

■紅蘿蔔切成細絲，加入鹽混合拌勻。蛋和八方高湯均勻打成蛋液。

將紅蘿蔔以中火慢慢拌炒（慢慢炒可使紅蘿蔔釋放出甜味）。

待紅蘿蔔炒熟後，倒入蛋液，稍微混合拌勻，將蛋炒熟後即完成。

5 油味噌

●鮪魚…50公克，切成1公分小丁／薑…20公克，切末／油…1大匙略多／砂糖…1.5大匙／味噌…30公克／白芝麻…1中匙／水…2大匙

■將鮪魚和薑以油拌炒，加入水和砂糖煮滾後，放入一半的味噌。煮到湯汁變稠後，加入剩餘的味噌和白芝麻，再續煮到喜歡的濃稠度。

6 炒洋栖菜

■參照「鮭魚便當」→36頁

7 黑米飯

■這裡使用的黑米份量較少，比例為2杯白米對1大匙黑米／參照「黑米便當」→50頁

8 紅燒炸茄子

■參照「太陽旗便當」→16頁

25 拿坡里義大利麵便當

小學時提到義大利麵，想到的就是拿坡里義大利麵，或是肉醬義大利麵。現在偶爾還是會想吃拿坡里義大利麵，就像咖啡店賣的那種。我做過好幾次拿坡里義大利麵，但一直做不出印象中的那個味道，直到後來有個小飯館老闆教我要加伍斯特醬才行。一定要伍斯特醬，不可以用豬排醬喔。

馬鈴薯通心粉沙拉

拿坡里義大利麵　茄醬蓮藕漢堡

1 拿坡里義大利麵

●義大利麵…80公克／麵的調味醬料（番茄醬…2大匙／伍斯特醬…½大匙／鹽、胡椒…各少許／油…1中匙）／洋蔥…½小顆（40公克）／蘑菇…3～4個（40公克），切片／紅蘿蔔…⅓根（40公克）／青椒…1顆（25公克）／甜豆仁…適量／拌炒用醬料（油…1中匙／番茄醬…1大匙／伍斯特醬…½大匙／鹽、胡椒…各適量）

■義大利麵燙熟後瀝乾水分，加入調味醬料的番茄醬、伍斯特醬、油、胡椒拌勻備用。將蘑菇以外的蔬菜全切成絲。青椒先稍微鹽炒備用。依序將紅蘿蔔、蘑菇，洋蔥放入鍋中拌炒，再將調味好的義大利麵放入一起炒，最後以拌炒用醬料調味，大火炒香後起鍋。青椒一起炒會變黑，因此在最後盛裝便當時再放入即可。最後撒上燙過的甜豆仁。

2 茄醬蓮藕漢堡

●蓮藕漢堡…1個（參照「太陽旗便當」→16頁）／番茄醬…2中匙／八方高湯…1大匙略少／砂糖…1小匙／太白粉…½小匙／水…50毫升

■小鍋中放入水、調味料、太白粉一起煮至濃稠，再放入煎好的蓮藕漢堡均勻沾裹。

3 馬鈴薯通心粉沙拉

●馬鈴薯…1顆（100公克），切成3公分塊狀／汆燙用鹽…1小撮／櫻桃蘿蔔…2顆，切圓片／紫洋蔥…⅓小顆，切絲／抓鹽用鹽巴…1小撮／通心粉…10公克／美乃滋…2大匙／鹽、胡椒…各適量／紅皺葉萵苣…¼片／紫蘇、菊苣、茴芹…各1片

■馬鈴薯放入鹽水中煮軟，倒掉水，在不離火的狀態下搖晃鍋子，使表面水分蒸發、呈粉糊狀。趁熱以木匙壓成碎塊，使剩餘水分揮發，加鹽充分拌勻備用。通心粉另外燙熟瀝乾備用。櫻桃蘿蔔和紫洋蔥抓鹽靜置約10分鐘後，擰乾水分。

混合馬鈴薯、通心粉、櫻桃蘿蔔和紫洋蔥，並加入美乃滋拌勻，最後以鹽和胡椒調味。將紅皺葉萵苣、紫蘇、菊苣、茴芹層疊放入便當盒中，上頭盛放馬鈴薯通心粉沙拉。

26 櫻花糯米飯便當

每到2月氣候尚寒、春天未至之時，雖然還不到櫻花
綻放的時節，但我總會想吃櫻花糯米飯。
1杯糯米大約要蒸12～15分鐘，但如果一次煮3～
4杯，只要中途稍微掀蓋拌勻，20分鐘就能煮熟。

1 櫻花糯米飯

●糯米…1杯／鹽漬櫻花…5公克／高湯…50
毫升／鹽漬櫻花葉…適量
■糯米洗淨後，泡水一晚備用。
鹽漬櫻花葉事先泡水去除鹽分。鹽漬櫻花先
用水洗去表面的鹽，再泡入50毫升的水中去
除鹽分後，切碎備用。
浸泡櫻花的水有櫻花的香氣，可混合高湯用
來煮糯米。將50毫升的高湯混合泡櫻花的
50毫升水一起煮滾後，加入瀝乾的糯米，煮
至水分收乾。
在煮至沸騰的蒸籠中鋪上烘焙紙，將糯米平
鋪，炊蒸12～15分鐘。蒸好後撒上切碎的
櫻花稍微拌勻，最後放上櫻花葉。

2 炸蓮藕蝦餅

●蓮藕…1小根100公克／蝦仁…40公克／
蔥花…1小匙／鹽…適量／太白粉、炸油…
各適量／八方高湯…適量
■取蓮藕中段較粗的部分，切成0.3公分厚
圓片，共8片。剩餘的蓮藕磨成泥。
蝦仁拍成泥，加入蓮藕泥、蔥花、太白粉1
小匙、鹽，混合拌勻。將拌好的餡料夾在2
片蓮藕片中，確實壓緊，使餡料塞滿蓮藕片
的孔洞。
在蓮藕蝦餅表面拍上太白粉後，放入攝氏
170～180度的油炸至金黃。起鍋後淋上
許八方高湯。

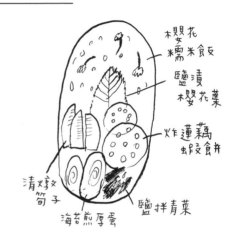

櫻花糯米飯
鹽漬櫻花葉
炸蓮藕蝦餅
清燉筍子
鹽拌青菜
海苔煎厚蛋

3 海苔厚煎蛋

●蛋…2顆／八方高湯…2小匙／烤海苔…1
片（對半切）／油…1小匙
■將蛋和八方高湯均勻打成蛋液。在熱好的
厚煎蛋鍋中倒入油，再倒入一半的蛋液，並
鋪上半片海苔。
從靠近身體的一端開始將蛋捲起來。捲好之
後再倒入剩餘蛋液，並鋪上另一半的海苔，
邊捲邊整成厚煎蛋的形狀。

4 清燉筍子

■參照「筍子便當」→24頁

5 鹽拌青菜

■參照「筍子便當」→24頁／這裡使用蕪菁
葉。

27 粽子便當

沖繩有間台灣料理店，名叫「金壺食堂」。他們的粽子份量十足，一顆就等同於一個便當。裡頭除了糯米之外，還有花生、乾香菇和豆皮。

粽子的口味非常多，這裡示範的是中式口味的粽子。

1 粽子

●竹葉…6片／糯米…2杯（洗淨後泡水5小時至一晚）／麻油…2小匙／松子…10公克／薑…20公克，切末／胡椒…適量／水煮鵪鶉蛋…6顆／蝦子…6尾／甜栗…6顆／香菇…6片／甜高湯（水…150毫升／八方高湯…3大匙／砂糖…2小匙）

■水煮鵪鶉蛋、蝦子、甜栗、香菇放入甜高湯中煮約5分鐘，撈起後剩餘的高湯用來炊煮糯米。

剩餘的高湯加水至200毫升。

將泡水膨脹的糯米充分瀝乾。

在熱好的中式炒鍋中放入麻油、糯米、薑一起拌炒。

待米粒全都均勻裹上油之後，放入煮配料的高湯、胡椒和松子，炒至水分收乾為止。

炒好稍微放涼後，填入竹葉中，中間包入鵪鶉蛋、蝦子、甜栗和香菇。以繩子綁緊，放入蒸籠蒸約30分鐘。

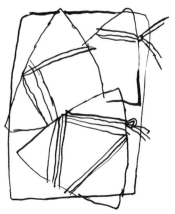

27 包粽子的方法

這裡示範的粽子配料包括蝦子、甜栗和鵪鶉蛋。除此之外也能依照當季食材與個人喜好包入各種內餡，例如銀杏、干貝、筍子、油豆腐等。除了用竹葉來包之外，若用山白竹葉或蓮葉來蒸，另有一番不同的香氣。

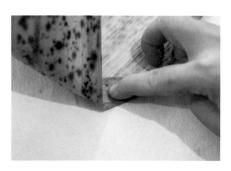

1 將三角錐的底部往內摺，避免縫隙產生。

2 將往內摺的部分往上翻，摺成一個三角圓錐。

5 填入糯米飯至九分滿，稍微壓緊。

6 將竹葉捲成三角形。

3 以手握住三角錐尖端，便於填入糯米飯。

4 將一半的糯米飯放入三角錐中，再擺上配料。

7 把剩餘的一端塞進竹葉中。

8 包好之後以繩子綁緊。

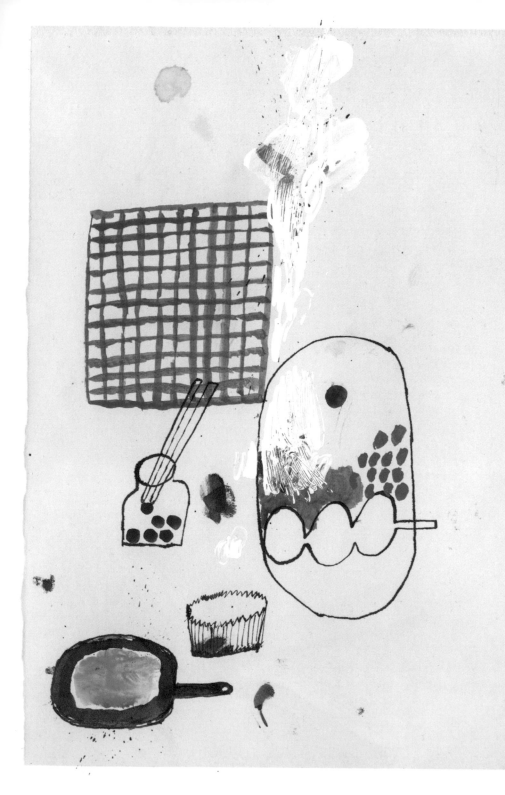

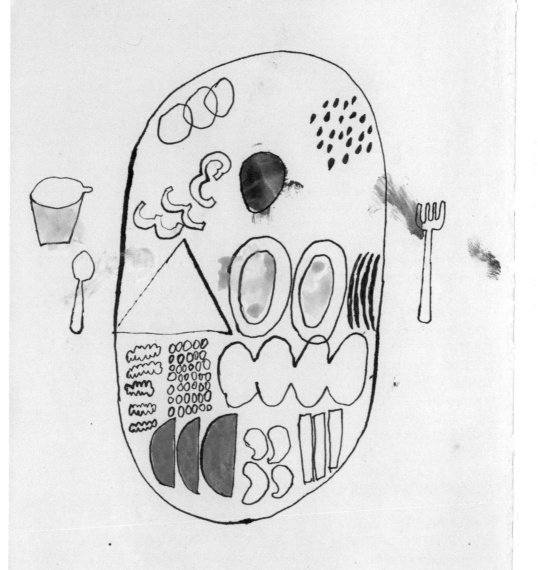

28 馬鈴薯麵包便當

馬鈴薯麵包的麵團基礎發酵時間，夏天大約是30～40分鐘，冬天放置溫暖處約1小時，就能膨脹約2倍大。

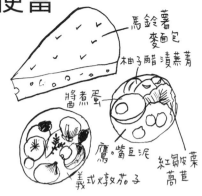

1 馬鈴薯麵包

●高筋麵粉⋯200公克／低筋麵粉⋯50公克／砂糖⋯10公克／鹽⋯4公克／酵母粉⋯4公克／水⋯140毫升／馬鈴薯⋯中型的1.5顆（水煮後為120公克）／橄欖油⋯1大匙
■馬鈴薯去皮後放入水中煮熟，壓成馬鈴薯泥。烤盤刷上一層橄欖油備用。將高筋麵粉、低筋麵粉、砂糖、鹽、酵母粉混合拌勻，加水以手快速攪拌，再放入馬鈴薯泥，用力揉約10分鐘。
麵團揉至光滑後，加入橄欖油，揉到油完全被麵團吸收為止。接著將麵團整成圓形，放入大碗中，以保鮮膜封好進行基礎發酵，直到麵團膨脹至2倍大。
待麵團膨脹後，壓出麵團裡的空氣，整成圓餅狀。放到抹好油的烤盤上，以手壓或擀麵棍將麵團桿成厚度一致的圓形。注意不要將麵團壓斷。
在麵團表面刷上薄薄一層橄欖油，以手指在上頭隨意按壓出孔洞，接著靜置15分鐘進行二次發酵。
放進烤箱前在麵團上灑點水，以攝氏190度烤10分鐘，接著改180度再烤10分鐘。
烤好放涼後切成適當大小。

2 義式燉茄子

●茄子⋯1根（75公克）／甜椒⋯½顆（75公克）／櫛瓜⋯⅔小根（75公克）／洋蔥⋯1小顆（120公克）／小番茄⋯12～14顆（175公克）／鹹橄欖⋯約10粒／橄欖油⋯1大匙／鹽⋯1小匙／胡椒⋯少許／百里香⋯適量
■蔬菜切成適當大小。茄子和櫛瓜以少許鹽稍微抓過。洋蔥、甜椒、橄欖以橄欖油拌炒至均勻裹上油、洋蔥變軟後，加入茄子和櫛瓜，撒上鹽和胡椒稍微拌炒，蓋上鍋蓋煮3～4分鐘。接著加入小番茄混合均勻，再次蓋上鍋繼續燜煮。加入小番茄後只要將所有食材簡單翻拌均勻即可，別把小番茄壓爛。起鍋後點綴百里香裝飾。

3 柚子醋漬蕪菁

●蕪菁⋯1顆（100公克）／柚子皮⋯適量，切絲／鹽⋯1小撮／甜醋⋯適量
■蕪菁去皮後，切成0.3公分厚的半圓形。加入少許鹽，再放入柚子皮混合拌勻，淋上蓋過食材的甜醋醃漬。

4 鷹嘴豆泥

■參照「蕎麥可麗餅卷」→78頁
依個人喜好，搭配菊苣、茴芹、紅皺葉萵苣等生菜。

5 醬煮蛋

■參照「炸竹莢魚便當」→106頁

29 蕎麥可麗餅卷

我先生是個連白飯都不會煮的人，但他卻可以一連煎出好幾片漂亮的蕎麥可麗餅皮。這道蕎麥可麗餅便是他教我的食譜。

餅皮放涼了一樣保有彈性口感，非常美味。

餅皮要盡量煎薄一點，才方便包捲配料。或者煎得像鬆餅一樣的厚度，淋上楓糖或草莓果醬一起品嘗，也很好吃。建議選擇品質較好、新鮮現磨的蕎麥粉。雖然價位較高，但香氣十足。我都是請家裡附近的蕎麥專賣店幫忙現磨。

1 蕎麥可麗餅卷

●蕎麥可麗餅皮…2張／紅皺葉萵苣…1片／紅菊苣、菊苣…各3片／紫蘇…3片／小黃瓜…1根，切絲／清燙四季豆…6根／水芹…3根／鷹嘴豆泥…適量／涼拌高麗菜絲…適量
■將可麗餅皮平鋪，依序擺上喜愛的食材，例如生菜、涼拌高麗菜絲、鷹嘴豆等做成的沙拉、四季豆或小黃瓜等蔬菜。接著將可麗餅捲起來。

以烘焙紙或油紙將可麗餅卷包起來，兩端扭捲成結。從中間切成兩半，方便食用。

蕎麥可麗餅皮

●直徑20公分的可麗餅皮2片：蕎麥粉…70公克／水…140公克／橄欖油…1大匙
■將蕎麥粉和水放入大碗中拌勻。平底鍋充分熱鍋後，倒入一半的橄欖油，再倒入一半的麵糊均勻平鋪，以中火兩面各煎約1分鐘。

鷹嘴豆泥

●水煮鷹嘴豆…100公克／鹽…½小匙／橄欖油…1大匙／檸檬汁…2小匙／洋蔥泥…1大匙／小茴香…少許／胡椒…少許
■鷹嘴豆放入水中煮軟後瀝乾。

將豆子壓成泥，加入洋蔥、檸檬汁、橄欖油、鹽、胡椒、小茴香拌勻。

涼拌高麗菜絲

●高麗菜…2～3片（40公克）／紅蘿蔔…⅓根（40公克）／紫洋蔥…¼顆（20公克）／鹽…½小匙／砂糖…½小匙／芥末籽醬…1小匙／橄欖油…1小匙／檸檬汁…½小匙／胡椒…適量
■蔬菜全切成絲，加入全部的調味料後充分拌勻。

包進可麗餅前，輕輕地擰乾水分。

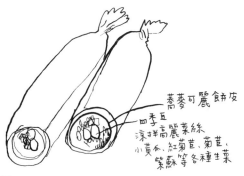

蕎麥可麗餅皮
四季豆
涼拌高麗菜絲
小黃瓜、紅菊苣、菊苣、
紫蘇等各種生菜

30 炸油豆腐便當

這道食譜原本是用炸豆腐，但如果買不到口感較硬的板豆腐，我就會用油豆腐來代替。

或許有人會覺得將油豆腐再炸一次很奇怪，但是這真的很好吃，請務必試試看。

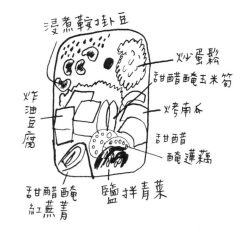

浸煮鞍掛豆

炒蛋鬆
甜醋醃玉米筍

炸油豆腐

烤南瓜

甜醋醃蓮藕

甜醋醃紅蕪菁   鹽拌青菜

1 炸油豆腐

●油豆腐⋯125公克／醬油⋯1中匙略少／蒜泥、薑泥⋯各½小匙／胡椒⋯適量／太白粉、炸油⋯各適量

■將油豆腐切成3～4公分塊狀，擦乾多餘水分，以蒜泥、薑泥、醬油、胡椒先醃漬入味。

在油豆腐上撒上太白粉，以攝氏170～180度油溫炸至上色。

2 炒蛋鬆

●蛋⋯1顆／八方高湯⋯1小匙／油⋯少許

■將蛋和八方高湯均勻打成蛋液。將油倒入熱好的平底鍋中，再倒入蛋液，立刻以鍋鏟邊炒邊攪拌，將蛋炒到鬆散。

3 浸煮鞍掛豆

●鞍掛豆⋯100公克／水⋯200毫升／八方高湯⋯2大匙／鹽⋯½小匙

■鞍掛豆以大量清水浸泡一晚。

將泡開的豆子放入水中加熱至煮沸，撈除浮泡後，以小火煮15分鐘。熄火直接靜置冷卻後，再撈起瀝乾。

將水、八方高湯、鹽一起煮滾，接著放入鞍掛豆，熄火浸泡至入味。

4 烤南瓜

●南瓜⋯3片／鹽⋯1小撮／油⋯1小匙／胡椒⋯適量

■南瓜切成厚0.7公分片狀，均勻抹上油、鹽和胡椒。

以預熱至攝氏180度的烤箱烤約15分鐘。

5 甜醋醃蕪菁

●參照「豆皮壽司便當」→14頁

6 甜醋醃玉米筍／蓮藕

●玉米筍⋯3根／蓮藕⋯切成3～4圓片／鹽⋯1小撮／甜醋⋯2大匙

■玉米筍和蓮藕片放入加了少許醋（份量外）的水中燙熟後，放入冰水中冰鎮。

冰鎮的步驟可防止蓮藕變色。

待食材確實冷卻後撈起擦乾，加入1小撮鹽和甜醋醃漬入味。

7 鹽拌青菜

●參照「豆皮壽司便當」→14頁
這裡使用的是塌菜。

31 山椒小魚乾飯便當

我的生活經常往來東京和高知之間。高知每週二、週四至週日都有露天市集，我每次都會在市集上買些新鮮的小魚乾。這也是住在高知的樂趣之一。如果我人在東京，就會固定向中田遊龜先生的乾貨店購買。

1 山椒小魚乾飯

● 米⋯1杯／水⋯180毫升／山椒小魚乾⋯2大匙（參照「鮭魚便當」→36頁）
■ 米以食譜份量的水煮成白飯。煮好後放入山椒小魚乾稍微拌勻。

2 紅燒炸茄子

● 茄子⋯1根／紅燒醬（八方高湯⋯1大匙／砂糖⋯1.5小匙←依照茄子的份量調整）／炸油⋯適量
■ 茄子切成一口大小，在表面淺淺劃刀。放入約攝氏180度的油炸熟。炸好後放入紅燒醬中均勻沾裹。

3 鹽拌四季豆

● 四季豆⋯5～6根／鹽⋯1小撮／白芝麻⋯1小匙

■ 四季豆燙熟後放入冰水中冰鎮，放涼後撈起，擦乾水分，以白芝麻和鹽拌勻。

4 厚煎蛋

● 蛋⋯2顆／八方高湯⋯2小匙／油⋯少許
■ 蛋和八方高湯均勻打成蛋液。平底鍋充分熱鍋後，倒入油，使油均勻沾滿鍋底，再將蛋液倒入，轉小火開始煎。
待蛋的表面煎熟之後便熄火，用餘溫把蛋煎熟。煎好稍微放涼後，蓋上濕布，防止表面乾燥。

5 烤味醂秋刀魚乾

● 味醂秋刀魚乾（市售）⋯⋯½尾
■ 烤的時候留意別燒焦了。

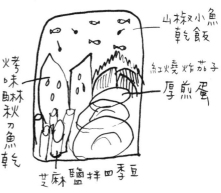

山椒小魚乾飯
紅燒炸茄子
厚煎蛋
烤味醂秋刀魚乾
芝麻鹽拌四季豆

32 金黃便當

偶爾做個金黃色的便當好像也不錯，
所以就設計了這個食譜。炒玉米的時
候要小心，因為一個不留意，玉米粒
就會像爆米花一樣在鍋中飛散。稍微
炒一下就蓋上鍋蓋。

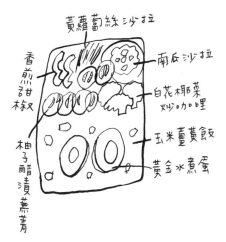

1 玉米薑黃飯

●米…2杯／水…360毫升／奶油…5公克／
薑黃…⅓小匙／水煮玉米…200公克／橄欖
油…1小匙／洋蔥…1小顆（100公克），切
末／鹽…1小撮
■洋蔥和水煮玉米以橄欖油和鹽稍微拌炒。
米粒加入薑黃、奶油和食譜份量的水一起炊
煮。煮好之後放入炒過的洋蔥和玉米，稍微
拌勻即可。

2 黃金水煮蛋

●蛋…4顆／白高湯…4大匙／薑黃…少許
■將蛋煮成水煮蛋後，剝殼備用。
將足以蓋過蛋的白高湯加入少許薑黃，一起
煮至沸騰後熄火。再將剝好蛋殼的水煮蛋放
入高湯中醃漬上色。
少量製作時，可將高湯和蛋放入密封袋中，
擠出袋內空氣進行醃漬。如此一來只要少量
高湯就能完成。

3 白花椰菜炒咖哩

●白花椰菜…¼顆（150公克）／油…1大匙
／鹽…1小撮／蒜泥…1小匙／印度綜合香
料…½小匙／白高湯…1大匙

■白花椰菜切成適當大小，加入鹽和白高湯
稍微靜置。
蒜泥以油炒香，接著放入白花椰菜和綜合香
料，炒到水分收乾。

4 香煎甜椒

●甜椒…½顆／白高湯…½大匙／鹽…1小撮
／油…1小匙
■甜椒切成長條狀，以油拌炒，最後加入鹽
和白高湯調味。

5 黃蘿蔔絲沙拉

●參照「貝果三明治」→54頁
這裡使用的是黃色胡蘿蔔。

6 柚子醋漬蕪菁

●參照「馬鈴薯麵包便當」→76頁

7 南瓜沙拉

●參照「貝果三明治」→54頁

33 高菜壽司

高菜壽司是熊野和吉野當地特有的料理，使用的
是白飯，而非一般醋飯，外頭以淺漬高菜包捲。
高菜整片攤開，大小約有成人的臉那麼大。偶爾
可以在蔬菜店找到。

1 高菜壽司

●4～6顆份量：米⋯2杯／水⋯360毫升／
淺漬高菜⋯3～4片／鮭魚鬆⋯適量
■葉片較大的高菜葉，一片可包成2顆飯糰。
切下高菜中間的硬梗，切成末後擰乾備用。
葉片較大的高菜攤開對半切，較小的可直接使
用。葉子如有破裂，取另一片重疊後再使
用。
米以食譜份量的水煮成白飯。取部分白飯捏
成圓形飯糰，並在中間塞入高菜末。
將飯糰放在攤開的高菜葉上，上頭擺上鮭魚
鬆後，用高菜葉將整顆飯糰包起來。

《鮭魚鬆》

●新鮮鮭魚⋯2片（去骨去皮後為100公克）
／高湯⋯70毫升／味醂⋯1大匙／鹽⋯½小匙
■味醂和高湯一起煮滾後，放入鮭魚和一半
的鹽續煮。待鮭魚煮熟後，邊收汁邊將魚肉
撥散。
視味道加入剩下的鹽調味。等到完全收汁即
熄火，直接放至冷卻。

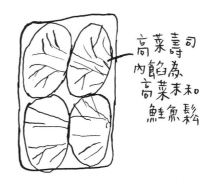

高菜壽司
內餡為
高菜末和
鮭魚鬆

34 舞菇拌飯便當

舞菇香氣十足，我很喜歡用來做成炊飯。料理舞菇的祕訣是大火快炒，可避免出水，況且煮太久也會喪失香氣和口感。這道拌飯也可改用鴻喜菇、香菇等菇類來做，但最好吃的還是舞菇。

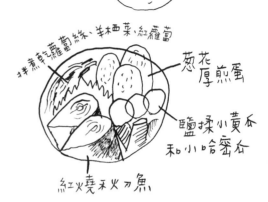

舞菇拌飯

拌煮乾蘿蔔絲、羊栖菜、紅蘿蔔

蔥花厚煎蛋

鹽揉小黃瓜和小哈密瓜

紅燒秋刀魚

1 舞菇拌飯

●米…1杯／水…165毫升／八方高湯…1大匙／舞菇…½包／油…1小匙／醬油…1小匙／胡椒…適量／醋橘…適量
■舞菇以大火快炒，炒熟後加入醬油調味。拌炒過程中若出水，以大火將水分收乾。
米洗淨後浸泡約30分鐘，再加入八方高湯一起煮。
在煮好的白飯中加入舞菇、胡椒拌勻。
最後磨點酢橘皮，撒在拌飯上。

2 拌煮乾蘿蔔絲、羊栖菜、紅蘿蔔

●乾蘿蔔絲…25公克（泡開後為100公克）／紅蘿蔔…½根（60公克），切絲／羊栖菜…5公克（泡開後為60公克）／油…1大匙／水…200毫升／八方高湯…2大匙／鹽…½小匙
■將泡開的蘿蔔絲和羊栖菜稍微汆燙後瀝乾。以油拌炒蘿蔔絲和羊栖菜，接著加入水、八方高湯、鹽，煮至沸騰。最後加入紅蘿蔔，煮到收汁即可。

3 紅燒秋刀魚

●秋刀魚…2尾／水…150毫升／砂糖…1.5大匙／八方高湯…2大匙／醬油…1中匙／薑末…2大匙
■秋刀魚切去頭尾，魚身切成4～5段，去

除內臟後洗淨瀝乾。將水、砂糖、八方高湯、醬油和薑末一起煮滾，放入秋刀魚再次沸騰後，蓋上落蓋，以小火煮約20分鐘。時間到將魚翻面，再蓋上落蓋煮約10分鐘。待煮汁變濃稠後，掀開蓋子並熄火。煮汁收太乾容易燒焦，因此當開始變濃稠後，就要緊盯著鍋子裡的狀態。

4 蔥花厚煎蛋

●蛋…2顆／蔥…2～3根（40公克）／八方高湯…2小匙／油…1小匙
■將蛋、八方高湯和細蔥花均勻打成蛋液，放入日式煎蛋鍋，做成厚煎蛋。

5 鹽揉小黃瓜和小哈密瓜

●參照「山菜糯米飯便當」→98頁

35 三色壽司卷便當

有一回，某個上了年紀的朋友過生日，我問他想吃什麼，他小聲地回答「三色壽司卷」。他說小學時，媽媽偶爾會買三色壽司卷給他吃，總會讓他非常開心，所以即使現在年紀一大把了，還是很懷念。這種心情我也有，就像第一次吃到火車便當裡的炸蝦，總會讓人一想到就懷念起那道料理的味道。

1 三色壽司卷

●烤海苔…1.5張／醋飯…1碗滿滿的份量（參照「田舍壽司」→44頁）
白蘿蔔…1×15公分左右長條狀，約2根／紅醋…適量／醃蘿蔔…適量，切絲／小黃瓜…¼根，切長條狀
■白蘿蔔泡在紅醋中一晚。
海苔對半切，鋪上醋飯，分別放上三種不同顏色的配料後，包捲成壽司卷。

2 炸蝦

●蝦子…3尾／鹽、胡椒…各適量／麵粉、蛋、麵包粉、炸油…各適量
■蝦子剝去外殼，切除尾端，挑去腸泥。以鹽和胡椒調味。
將蝦子依序裹上麵粉、蛋液、麵包粉，放入攝氏170～180度的油中炸至金黃。

3 小黃瓜竹輪

●將小黃瓜塞進竹輪中，切成適當大小。

4 馬鈴薯通心粉沙拉

●馬鈴薯…1顆（100公克），切成3公分塊狀／紅蘿蔔…¼根（30公克），切成扇形薄片／鹽…1小撮／小黃瓜…1根，切圓片／洋蔥…⅓小顆，切絲／抓鹽用的鹽…1小撮／通心粉…10公克／美乃滋…2大匙／鹽、胡椒…各適量
■馬鈴薯和紅蘿蔔放入水中，加入1小撮鹽，加熱煮到變軟。接著倒掉水，在不離火的狀態下搖晃鍋子，使食材表面水分蒸發、呈粉糊狀。
趁熱以木匙將馬鈴薯和紅蘿蔔壓碎，使剩餘水分揮發。加入少許鹽充分拌勻備用。通心粉另外燙熟後瀝乾。
小黃瓜和洋蔥抓鹽靜置約10分鐘後，擰乾水分。
將馬鈴薯、紅蘿蔔、小黃瓜、洋蔥、美乃滋混合拌勻，最後以鹽和胡椒調味。

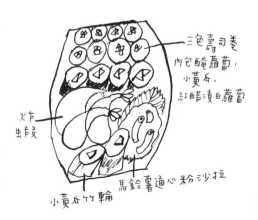

三色壽司卷
內包醃蘿蔔、
小黃瓜、
紅醋漬白蘿蔔

炸蝦

馬鈴薯通心粉沙拉

小黃瓜竹輪

36 蓮子飯便當

我第一次吃到蓮子,是越南的名產蓮子糖。

因為實在太好吃了,結果蓮子成了我的最愛。

新鮮蓮子的產季在盛夏,偶爾可以在蓮藕產地的農產品直銷處買到。

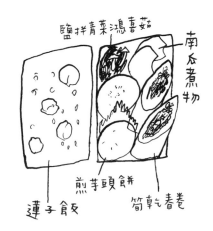

鹽拌青菜鴻喜菇
南瓜煮物
煎芋頭餅
蓮子飯
筍乾春卷

1 蓮子飯

●米…1杯／蓮子…約15粒／高湯…1杯／鹽…½小匙

■蓮子先泡水2～3小時後再汆燙、瀝乾。蓮子芯會苦,炊煮前須事先挑除。

將米和事先處理好的蓮子以高湯炊煮,煮好後加入鹽稍微拌勻即可。

2 煎芋頭餅

●小芋頭…2～3顆／洋蔥…⅓小顆,切末／鹽、胡椒…各適量／太白粉…適量／奶油乳酪…30公克／橄欖油…1中匙

■小芋頭以水煮或蒸的方式煮熟,趁熱剝去外皮,壓成泥,加入鹽、胡椒、奶油乳酪、洋蔥、太白粉混合拌勻。

芋頭泥捏成適當大小的圓餅狀。可雙手沾水防止沾黏,方便塑形。

芋頭餅放入熱鍋,以橄欖油煎至兩面上色。

3 筍乾春卷

●筍乾…20公克／麻油…1中匙／八方高湯…1.5大匙／春卷皮…2小張／炸油…適量

■筍乾放入冷水中加熱,沸騰後熄火,靜置3～5小時。

筍乾瀝乾後以麻油拌炒,加入八方高湯,炒到水分收乾、香氣散出為止。

將炒好的筍乾用春卷皮包起來,放入攝氏170～180度的油中炸至金黃。

4 鹽拌青菜鴻喜菇

●青菜…⅓把／鹽…1小撮／鴻喜菇…½包

■青菜燙熟後放入水中冰鎮,冷卻後取出擰乾,切成適當長度。

鴻喜菇以平底鍋乾炒,炒熟後放至冷卻。

混合青菜和鴻喜菇,並以鹽調味。

5 南瓜煮物

●南瓜…⅛顆(150公克)／水…100毫升／砂糖…1中匙／八方高湯…1大匙／鹽…1小撮

■混合水和調味料,放入切成一口大小的南瓜,蓋上落蓋(若沒有,可用烘焙紙或錫箔紙代替),以小火燉煮約7～8分鐘。此份量較少,煮的時候小心燒焦。

37 串炸便當

只要把食物用竹籤串起來，就會覺得特別好吃。這種感覺實在很不可思議，明明吃的時候很容易掉，總是吃得手忙腳亂。

食譜中的腰果醬也能當成沙拉醬使用，或是增加腰果的份量，做成蒸蔬菜的沾醬。

1 串炸

●干貝⋯4個／水⋯3大匙／八方高湯⋯1中匙／秋葵⋯2根／洋蔥⋯¼顆，切月牙狀／竹籤⋯4根／麵粉、蛋、麵包粉、炸油⋯各適量／醬汁⋯適量

■干貝加入水和八方高湯，一起煮至沸騰。將煮好的干貝、秋葵、洋蔥串在竹籤上，依序沾裹麵粉、蛋液、麵包粉，放入攝氏170～180度的油炸至金黃。炸好後依喜好淋醬汁。

2 芝麻拌高麗菜

●高麗菜⋯100公克／黑芝麻⋯1小匙／芝麻油⋯1小匙／鹽⋯1小撮

■高麗菜切成粗絲，稍微快速汆燙後撈起，瀝乾水分。

放入黑芝麻、芝麻油、鹽充分拌勻。

3 安納芋番薯沙拉

●安納芋番薯※⋯中型的½根（100公克）／腰果醬⋯2大匙／鹽⋯1小撮／胡椒⋯適量

■安納芋番薯整顆蒸熟後，趁熱剝去外皮，切成2～3公分小丁。加入鹽和胡椒拌勻，放置冷卻。

放涼後，加入腰果醬稍微拌勻即可。

※編按：安納芋番薯為日本鹿兒島縣南部種子島特產，肉質綿滑，甜如蜜糖。

腰果醬

●洋蔥⋯½顆（50公克）／醋⋯3大匙／油⋯3大匙／醬油⋯3大匙／腰果⋯滿滿2大匙

■將全部材料放入食物調理機，攪打至仍保留些許顆粒即可。

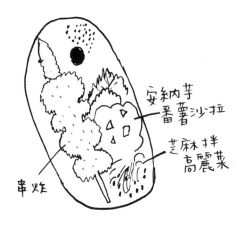

安納芋番薯沙拉
芝麻拌高麗菜
串炸

38 賞櫻散壽司

小時候常聽人家說，春神總是最先造訪櫻花樹，
使櫻花盛開。緊接著春天便正式登場，田裡的幼
苗開始順利長成。我到現在依舊如此相信著。

1 什錦散壽司

●米…1杯／水…165毫升／昆布…2～3公
克／壽司醋…2大匙／薑末…1小匙／白芝
麻…1小匙／鹽漬櫻花葉…4～5片／蓮藕…
細的1根／菊花…1包
整尾蝦子…6尾／煮蝦子的高湯（高湯150毫
升／味醂1大匙／鹽1/2小匙）／紅醋漬蘘
荷…1個／細長的紅蘿蔔…⅙根／紅醋…適
量／醋…2大匙
■櫻花葉泡水去除鹽分後，擦乾備用。
新鮮蝦子帶殼放入高湯中燙熟，冷卻後剝除
身體部位的蝦殼、挑去腸泥。
稍微剪去蝦頭的尖刺，因為刺到會很痛。
蓮藕削去外皮，切薄片，泡水備用。菊花從
花萼的部位一片片剝下來。紅蘿蔔切薄片。
200毫升水加入1大匙醋煮至沸騰，接著分
別放入蓮藕和菊花快速汆燙後撈起，放入冰
水中冰鎮。
蓮藕和菊花冷卻後擦乾水分，連同紅蘿蔔片
各自淋上紅醋醃漬入味。
將紅醋漬蘘荷（參照「黑米便當」→50頁）切
成月牙狀。
壽司醋加入薑末。
米洗淨後放入昆布，泡水約20分鐘後再炊
煮。煮好之後淋上壽司醋和白芝麻拌勻，稍
微放涼。

事先保留裝飾用的蓮藕和菊花，剩餘的部分
放入放涼的醋飯中稍微拌勻。最上面以其他
食材點綴裝飾。

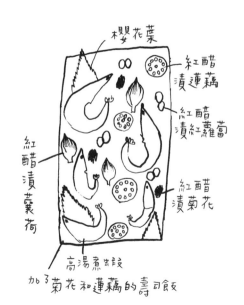

櫻花葉

紅醋
漬蓮藕

紅醋
漬紅蘿蔔

紅醋
漬菊花

紅
醋
漬
蘘
荷

高湯煮蝦段

加了菊花和蓮藕的壽司飯

39 山菜糯米飯便當

小時候每到春天登山遊玩，一定都會採集山菜，也就是全家人一起上山採蕨菜、紫萁、虎杖（紅川七）等。只要是日照充足的山上，隨處都看得到蕨菜的身影，所以對兒時的我來說，採蕨菜一點挑戰都沒有。相較之下，偶爾才能在山坡上發現、一身透明似的紫萁嫩芽，就彷彿是美麗的珍寶。

1 山菜糯米飯糰

●糯米…1杯／水煮蕨菜…40公克／喜歡的菇類…20公克／昆布高湯…100毫升／鹽…1小撮

■糯米泡水5小時至一晚。蕨菜和香菇切成3～4公分。

將糯米瀝乾，加入昆布高湯、蕨菜、香菇、鹽一起加熱。

煮到收汁後，移至蒸籠中蒸12～15分鐘。

蒸好稍微放涼後，趁著溫熱捏成適量大小的飯糰。糯米放涼後不易塑形。捏的時候要注意力道，若太用力，飯糰冷掉之後口感會變得像麻糬一樣。

2 芋頭可樂餅

●芋頭…中型的2顆（100公克）／洋蔥…½小顆（40公克），切末／鹽…1小撮／胡椒…少許／油…1小匙／麵粉、蛋、麵包粉、炸油…各適量

■芋頭連皮洗乾淨，用水煮或蒸的方式煮熟。趁熱剝去外皮，壓成泥狀。

洋蔥拌炒後加入芋泥中，再以鹽和胡椒調味，捏成適當大小的圓餅。

芋頭可樂餅質地較黏，可將手沾濕，較不黏手，便於塑形。將捏好的可樂餅依序沾裹麵粉、蛋液、麵包粉，放入攝氏170～180度的油中炸至金黃。

5 鹽揉小黃瓜和小哈密瓜

●小黃瓜…½根／小哈密瓜…1顆／鹽…1小撮

■小黃瓜表面劃刀，再切成適當厚度。小哈密瓜切圓片。以鹽抓揉小黃瓜和小哈密瓜。放入便當前擰乾水分。

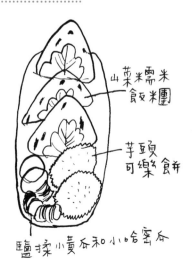

山菜糯米飯糰

芋頭可樂餅

鹽揉小黃瓜和小哈密瓜

40 樸素便當

我很喜歡吃白飯，只要有鹹的東西可以配著白飯吃，就感到很滿足。這道便當很簡單，以白飯搭配烤沙丁魚、醃脆梅、鹽燙山椒、韓式味噌及醬漬辣椒。每回只要買到生辣椒，我都會趁新鮮切好，泡入醬油中醃漬。

1 烤沙丁魚
● 沙丁魚⋯1尾
■ 將魚烤到恰到好處。

2 韓式味噌
● 薑末⋯1小匙／蒜末⋯1小匙／紅椒粉⋯½小匙／小番茄⋯4～5顆，切末／芝麻油⋯1大匙／味噌⋯1大匙／砂糖⋯1大匙／水⋯1大匙／松子⋯1大匙／辣椒⋯少許，切末
■ 薑、大蒜、紅椒粉、辣椒、芝麻油放入小鍋中，以小火加熱。
煮到微微沸騰後，加入小番茄、水、砂糖續煮至濃稠。待水分開始收乾時，加入味噌和松子，續煮至喜歡的濃稠度即可。

3 滷煮海苔
● 海苔鬆（岩海苔直接乾燥製成）⋯5公克／水⋯3大匙／八方高湯⋯1大匙／砂糖⋯½大匙
■ 將海苔鬆、水、砂糖、八方高湯全部放入小鍋中，小火煮至濃稠。

4 醬漬辣椒
■ 新鮮辣椒切小段，以醬油醃漬。
嗜辣的人可以直接吃，非常美味。也可作為料理時的提味，或是為醬汁添增辣味，非常好用。冷藏約可保存2～3週。

5 其他
鹽燙山椒、醃脆梅、調味海苔等。

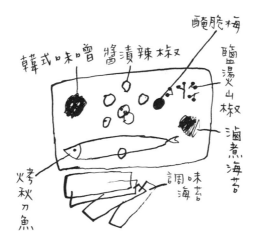

41 越南三明治

越南三明治依區域和店家不同，裡頭的主要配料可能是
鴨肉、雞肝、魚排、烤豬肉、清蒸雞肉等，各式各樣皆
有。而且絕對少不了魚露調製的紅白泡菜和香菜。

1 越南沙拉

●法國麵包…1條／萵苣、紅皺葉萵苣…各
2～3片／番茄切片…6片／奶油…適量／紅
白泡菜／紅燒鯖魚／胡椒、薄荷葉、香菜…
各適量

■法國麵包對半切，由側邊橫向切開，方便
夾起配料。

在麵包切面抹上奶油，放上萵苣、紅皺葉萵
苣、紅燒鯖魚、紅白泡菜、番茄、香菜，並
依喜好放入薄荷葉和少許胡椒。最後以烘焙
紙或油紙將三明治包起來，用橡皮筋固定。

紅白泡菜

●紅蘿蔔…½小根（50公克），切絲／白蘿蔔…
⅒（100公克），切絲／鹽…少許／香菜根…
少許，切末／魚露…1大匙／甜醋…2大匙

■紅蘿蔔和白蘿蔔混合抓鹽後擰乾，加入香
菜末、甜醋和魚露拌勻。

夾入三明治前先充分擰乾。

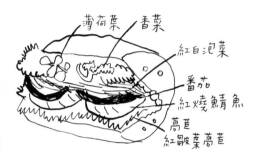

薄荷葉　香菜
紅白泡菜
番茄
紅燒鯖魚
萵苣
紅皺葉萵苣

紅燒鯖魚

●鯖魚…半尾（200～250公克）／魚露…2
大匙／砂糖…1大匙／萊姆汁…1小匙

■鯖魚去骨，片成約6片。以魚露、砂糖、
萊姆汁醃漬約1小時後，用烤網將魚烤熟。
烤的時候隨時調節火力，介於中火至小火之
間，留意不要烤焦。也可以用平底鍋煎。

42 羊栖菜拌飯便當

只要將羊栖菜拌到煮好的白飯裡，就非常好吃。羊栖菜
種類很多，乾燥、新鮮的皆有，也可分成羊栖菜莖、羊
栖菜根等。這裡使用的是乾燥的羊栖菜芽。

1 羊栖菜拌飯

●在剛煮好的白飯裡拌入適量炒過的羊栖菜
（參照「鮭魚便當」→36頁）。
白飯與羊栖菜的比例約為1碗飯配1大匙羊
栖菜，若是一杯米，則大約是2大匙羊栖菜。

2 炸日式魚板※

●日式魚板…½片／紫蘇…1片／起司片…1
片／麵粉、蛋、麵包粉、炸油…各適量
■將日式魚板斜角對切成三角形，從切面劃
刀，夾入起司片和紫蘇。
依序沾裹麵粉、蛋液、麵包粉後，放入攝氏
170～180度的油中炸至金黃。

※編按：日式魚板（はんぺん）是由白身魚肉加上日本山芋、蛋白
製成的魚漿製品，口感軟綿滑嫩。

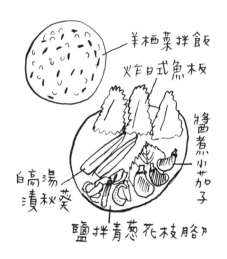

羊栖菜拌飯
炸日式魚板
醬煮小茄子
白高湯漬秋葵
鹽拌青蔥花枝腳

3 白高湯漬秋葵

●秋葵…2～3根／白高湯…1大匙
■秋葵切除蒂頭，稍微修掉邊角，以滾水稍
微汆燙便撈起，放入冰水中冰鎮。
接著淋上白高湯，稍微抓揉醃漬。
放入便當前將表面水分擦乾。

4 鹽拌青蔥花枝腳

●花枝腳…⅓隻／蔥…40公克／鹽…1小撮
■花枝腳以滾水燙熟後，撈起放至冷卻，再
切成適當大小。
蔥以滾水稍微汆燙，撈起放入冰水中冰鎮，
再瀝乾水分。
混合花枝腳和蔥，以鹽充分抓揉即可。

5 醬煮小茄子

●小茄子…5～6個（150～160公克），若
是一般茄子則約2根／水…150毫升／八方高
湯…2大匙／砂糖…1中匙略多／辣椒…適量
■小茄子對半縱切，並在表面淺淺劃刀。
小鍋裡混合水、八方高湯、砂糖、辣椒，煮
至沸騰後，放入茄子，蓋上落蓋煮7～8分
鐘。熄火後靜置約3小時。
掀開蓋子，再依個人喜好的入味程度，加熱
收汁。

43 炸竹莢魚便當

針對炸物便當，我左思右想後，最後決定炸竹
莢魚，於是便出門買魚去。
原本打算買小尾一點的竹莢魚，不過當天跑了
三家魚攤，都只有大尾的。因此只好買了半尾
片好的竹莢魚肉來做便當。

1 炸竹莢魚

●竹莢魚…½尾／鹽…1小撮／胡椒…適量／
麵粉、蛋、麵包粉、炸油…各適量／淋醬…
適量
■將整尾竹莢魚對半片開，去除魚骨。
魚肉撒上鹽和胡椒，依序沾裹麵粉、蛋液、
麵包粉，放入攝氏170～180度的油中炸至
金黃。炸好後依喜好淋上淋醬。

2 蒸番薯

●番薯…1根／鹽…1小撮
■番薯洗淨後，放入沸騰的蒸籠中蒸約20分
鐘。
可用竹籤刺穿即表示番薯已蒸熟。
蒸好的番薯放至冷卻後，切成圓片，表面撒
點鹽。
裝便當後剩餘的番薯可做成沙拉。

3 醬煮蛋

●蛋…6顆／水…200毫升／砂糖…2大匙／
八方高湯…4大匙／醬油…2大匙／辣椒…少
許／蒜泥…少許
■將蛋放入冷水中一起加熱，沸騰後熄火，
靜置8～10分鐘。取出冰鎮後剝除蛋殼。
將水、調味料、蒜泥、辣椒一起加熱煮至沸
騰，熄火後放入水煮蛋醃漬一晚。

4 淺漬小黃瓜

●小黃瓜…1根／鹽…1小撮／白高湯…適量
■小黃瓜表面輕輕劃刀，切成適當大小後抓
鹽。
將小黃瓜輕輕壓出水分，放入蓋過食材的白
高湯中浸漬一晚。
搭配適量萵苣、紫蘇及清燙蘆筍一起裝入便
當中。

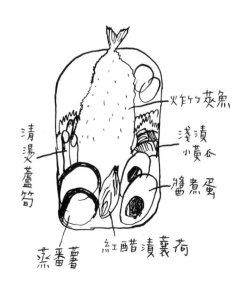

清燙蘆筍　炸竹莢魚　淺漬小黃瓜　醬煮蛋　蒸番薯　紅醋漬蘘荷

44 手鞠壽司 ※

每當要帶自己做的料理出席人多的慶祝場合或探班時，我都會做這道。使用的食材並無特別，但只要加一點小工夫，就會變成一道豐富的宴客料理。
這裡使用的是外皮為紫色、裡頭呈橘黃色的紫蘿蔔。

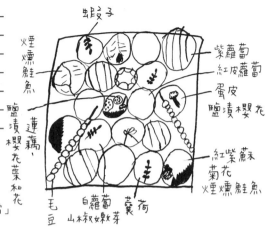

1 手鞠壽司

● 醋飯…2 杯，約 4 碗白飯（參照「田舍便當」→ 44 頁）
■ 將醋飯分捏成大小一致的圓球狀。1 杯米大約捏成 10 顆圓球。
將保鮮膜鋪平，依照配色整齊地擺上喜歡的配料，再將醋飯放在食材上，以保鮮膜緊緊抓起，捏整成圓球狀。

各種配料

■ 蛋皮…蛋 1 顆打入八方高湯，加入鹽 1 小撮充分打成蛋液，再煎成蛋皮。
■ 蝦子…3 尾／高湯…50 毫升／味醂…1 小匙／鹽…1 小撮
將高湯和調味料混合煮滾，再放入蝦子稍微燙熟。
■ 煙燻鮭魚約 20 公克

■ 紫蘿蔔、蘘荷、紅皮蘿蔔各少許，切片後以甜醋醃漬。
■ 蓮藕和菊花各少許，分別稍微氽燙後，以甜醋醃漬。
■ 白蘿蔔切成 2 ～ 3 薄片，以少許甜醋醃漬。
■ 小黃瓜 ½ 根，縱向片成長薄片，撒鹽備用。
■ 鹽漬櫻花 3 個稍微水洗後，泡水 30 分鐘去除鹽分。
■ 鹽漬紅紫蘇 1 片，水洗後瀝乾。
■ 鹽漬櫻花葉 1 片，泡水去除鹽分。
■ 山椒嫩芽 4 ～ 5 個。
■ 水煮毛豆剝除豆莢，取出 25 粒毛豆，稍微撒點鹽，以竹籤串好。

※ 編按：「手鞠壽司」的外型源自日本江戶時代的玩具「手鞠」（又稱手毬），為一種用彩色棉線製成的小球，「手鞠壽司」除了外形為球狀，份量多為一口大小，因此又譯為「一口壽司」。

45 朴葉壽司

每年初春插秧時節至初夏，很多人都會做朴葉壽司。
這個時期的朴葉有著最美的鮮綠色彩。
到了梅雨季，朴樹便會開出大大的白色花朵。
是我最喜歡的樹木。

1 朴葉壽司

●10顆的份量：朴葉⋯10片（新鮮葉子稍微
燙過）
米⋯2杯／水⋯330毫升／昆布⋯4公克／壽
司醋⋯4大匙／薑末⋯2小匙／白芝麻⋯2小
匙／白色醃蘿蔔切末⋯2小匙
■壽司醋加入薑和白芝麻拌勻。
米洗淨後加入昆布，泡水約20分鐘後再炊
煮。煮好之後淋上壽司醋和白色醃蘿蔔拌勻。
將拌好的醋飯分成10等份，擺上甜煮香菇、
鮭魚鬆、甜醋漬紅蕪菁、蛋絲，捏成圓筒狀。
最後以朴葉將壽司包起來。

甜煮香菇

●香菇⋯4朵／水⋯100毫升／八方高湯⋯1
大匙／砂糖⋯1小匙
■香菇切絲，和水、八方高湯、砂糖一起放
入鍋中煮2～3分鐘。
煮好趁熱撈起，瀝乾水分。

蛋絲

■參照「酸菜飯便當」→34頁

鮭魚鬆

■參照「高菜壽司」→86頁

甜醋漬紅蕪菁

■甜醋漬紅蕪菁（參照「豆皮壽司」→14頁）
5～6片切絲。

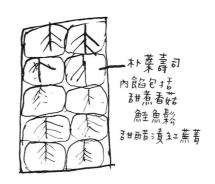

朴葉壽司
內餡包括
甜煮香菇
鮭魚鬆
甜醋漬紅蕪菁

46 花壽司

包著包著，把細卷壽司也包了進去，配料愈包愈多，最後一片海苔根本不夠包。各位在做的時候，可以多接半張海苔來包。只要用水當黏著劑，就能將海苔接合在一起。

1 花壽司

●3卷的份量：醋飯…2杯（參照「田舍壽司」→44頁）／烤海苔…5張半

■取1張半海苔，沾水黏接在一起。從靠近身體的一端開始將醋飯平鋪在海苔上，盡量鋪薄一點。

海苔前端預留約3公分不鋪醋飯。

將所有配料重疊擺在靠近身體一端的醋飯上，再將海苔捲起來。最後在預留的海苔前端沾水，緊緊貼合。

花壽司的配料

●紅皮蘿蔔細卷壽司（烤海苔…1張／醋飯…1碗／紅醋漬白蘿蔔…3根）

■白蘿蔔縱切成長段，放入紅醋中浸漬一晚。取⅓張海苔，鋪上醋飯，放入紅皮蘿蔔，將海苔捲成細卷壽司。一共做3卷。

●乾瓢（乾瓢…10公克。泡開後放入水中煮至喜歡的口感。和豆皮一起煮）

●豆皮（長形豆皮…1片／水…100毫升／八方高湯…1大匙略少／砂糖…1小匙略少）

■豆皮切成2片，以滾水過水後，和事先泡開的乾瓢、水、調味料一起放入鍋中煮3～4分鐘。

■紅蘿蔔（⅓根。切成6長段，煮熟瀝乾後，加入1小撮鹽和甜醋拌勻）

■水煮蝦（6尾。剝除蝦殼，對半切）

■厚煎蛋（蛋…1顆／八方高湯…2小匙。以煎蛋鍋煎成厚煎蛋，再縱切成6等份）

■小黃瓜…1根，切絲

■醬菜…1根，切絲

■紫蘇…6片，縱切成絲

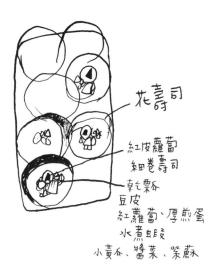

花壽司

紅皮蘿蔔
細卷壽司
乾瓢
豆皮
紅蘿蔔、厚煎蛋
水煮蝦
小黃瓜、醬菜、紫蘇

47 鮮魚拌飯便當

有朋友說這道拌飯的名稱是「鮮魚拌飯」，而不是「魚肉拌飯」。於是我也跟著改用這種說法。

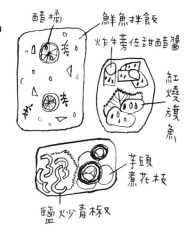

1 鮮魚拌飯

● 米 … 2杯／白帶魚 … 1片（130公克）／水 … 150毫升／八方高湯 … 3大匙／鹽 … ½ 小匙／山椒嫩芽 … 適量／醋橘片 … 適量

■米洗淨後泡水約30分鐘。將150毫升的水和八方高湯混合煮至沸騰，再放入白帶魚煮熟。魚煮熟後撈起瀝乾，剩餘的煮汁加水（至電鍋適當刻度）用來煮飯。白帶魚稍微放涼後移至盤子上，剝下魚肉，仔細將魚骨去除乾淨。

待白飯煮好之後，加入魚肉和鹽拌勻。最後再擺上山椒嫩芽和酢橘片。

2 鹽炒青椒

● 青椒 … 5顆（100公克），去除蒂頭和籽囊／鹽 … 1公克／油 … 6公克

■平底鍋熱鍋後，以油和鹽拌炒青椒。炒熟後盛至盤子上攤平，加速冷卻。

3 芋頭煮花枝

● 芋頭 … 3顆（150公克）／花枝 … ½隻（100公克）／水 … 150毫升／八方高湯 … 2.5大匙／砂糖 … 1中匙

■芋頭去皮，切成適當大小。花枝去除內臟，切成圈狀。將水、八方高湯、砂糖混合，並放入芋頭一起加熱。沸騰後再放入花枝，蓋上落蓋，以小火煮5分鐘。待芋頭熟了之後便熄火，靜置約20分鐘。掀開蓋子後倒掉煮汁，開火將鍋中剩餘水分加熱至收乾。

4 紅燒旗魚

●旗魚 … 100克／薑 … 5公克，磨成泥／蒜泥 … 少許／醬油 … 2小匙／太白粉、炸油 … 各適量
紅燒醬（八方高湯 … 1又⅓大匙／砂糖 … 1中匙／水 … 1小匙）／白芝麻 … 1小匙

■旗魚切成適當大小，以醬油、薑泥和蒜泥醃漬入味後，表面撒上適量太白粉，放入攝氏170～180度的油炸至金黃。紅燒醬放入鍋中煮至濃稠，接著將炸好的旗魚放入，再撒上白芝麻均勻沾裹。混合花枝腳和蔥，以鹽充分抓揉即可。

5 炸牛蒡佐甜醋醬

●牛蒡 … 100公克／醬油 … 1中匙／蒜泥 … 少許／醬油 … 1中匙／胡椒、太白粉、炸油 … 各適量
甜醋醬（水 … 1大匙／甜醋、八方高湯 … 各1大匙／砂糖 … ½小匙／芝麻油 … 適量）／黑芝麻 … 1小匙

■牛蒡切滾刀塊，以蓋過食材的水、醬油一起煮5～6分鐘。

煮到牛蒡尚餘些許口感便撈起放涼，拌入醬油、蒜泥、胡椒調味。

在牛蒡表面拍上太白粉，放入攝氏170～180度的油中炸至金黃。甜醋醬以小鍋煮至濃稠，放入炸好的牛蒡，並撒上黑芝麻均勻沾裹。

48 鹽味飯糰

> 鹽味飯糰和烤柳葉魚並非特別困難的料理，但搭配上蘿蔔嬰、酒釀醃蘿蔔和柴魚厚煎蛋，這樣的組合對我來說意義深遠，因為這是我對便當最珍貴的回憶。

1 鹽味飯糰
●米…1杯／水…180毫升／鹽…½小匙
■以食譜份量的水將米煮成白飯。煮好之後撒上鹽稍微拌勻，捏成口感鬆軟的飯糰。

2 柴魚厚煎蛋
●蛋…2顆／柴魚片…5公克／醬油…1小匙／橄欖油…1小匙
■將蛋、柴魚片、醬油均勻打成蛋液。煎蛋鍋充分熱鍋後，倒入橄欖油，再倒入蛋液，做成厚煎蛋。

3 烤柳葉魚
■將4～5尾柳葉魚烤熟。

4 酒釀醃蘿蔔
■切4～5片。

5 蘿蔔嬰
■搭配一把蘿蔔嬰。

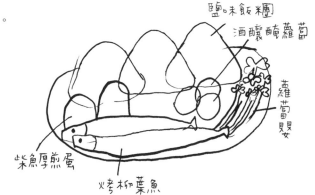

鹽味飯糰
酒釀醃蘿蔔
蘿蔔嬰
柴魚厚煎蛋
烤柳葉魚

49 中西家之味便當

這個便當裡的配菜，是我家晚餐經常出現的料理。其他常見菜色包括蒲燒秋刀魚、煮花枝、鹽炒青椒等。我先生求學的時代是昭和35～40年（西元1960～1965年）間，他這麼形容當時的便當：「只要有紅色的熱狗，便當看起來就很豐盛。另外，以前比目魚不像現在這麼貴，所以便當裡常會有炸比目魚。白飯上還會撒上海苔蛋鬆。」於是我也買了海苔蛋鬆。到了做便當那天，先生卻說不喜歡白飯上撒海苔蛋鬆，最後只好作罷。

1 炸花枝圈

●煮花枝…2～3塊／水…50毫升／八方高湯…1中匙／麵粉、蛋、麵包粉、炸油…各適量
■將水和八方高湯混合，放入花枝稍微煮過。放涼後撈起瀝乾，依序沾裹麵粉、蛋液、麵包粉，以攝氏170～180度的油溫炸至金黃。

2 龍田風味炸鮪魚※

●鮪魚…100公克／薑…5公克，磨成泥／蒜泥…少許／醬油…2小匙／太白粉、炸油…適量
■鮪魚切成適當大小，以醬油、薑泥、蒜泥醃漬。表面撒上適量太白粉，放入攝氏170～180度的油中炸至金黃。

※編按：龍田揚（竜田揚げ）指將雞肉或魚肉以醬油等醃漬後，再裹太白粉油炸，炸好後外觀較為深色。

3 金平冬粉

●冬粉…300公克／砂糖…1小匙／八方高湯…2大匙／麻油…2小匙／辣椒…適量
■冬粉放入滾水中迅速汆燙後撈起瀝乾，切成適當長度。中式炒鍋充分熱鍋，倒入芝麻油，放入冬粉拌炒約4分鐘，將水分炒乾。接著加入砂糖和八方高湯續炒約4分鐘，最後依喜好加入辣椒。

4 微甜厚煎蛋

●蛋…2顆／砂糖…1小匙／八方高湯…2小匙／油…少許
■將蛋和調味料均勻打成蛋液。平底鍋充分熱鍋後倒入油，再倒入蛋液，做成厚煎蛋。

5 魚肉香腸

■鮪魚肉香腸1根切成斜片，以平底鍋煎至上色。

6 烤明太子

●明太子…1條
■用烤網將明太子烤熟，放涼後剝散。

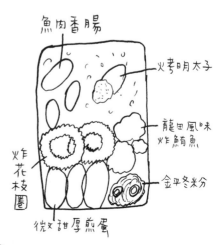

魚肉香腸
烤明太子
龍田風味炸鮪魚
金平冬粉
炸花枝圈
微甜厚煎蛋

50 我的便當

輪到給自己做便當，頓時變得隨性許多，就連
配色也全是茶褐色，真是不好意思啦。
不過沒關係，有我最喜歡的竹輪和豆皮，這樣
就很美味了。
做給自己吃的便當就是這樣，隨性、喜歡就好。

1 醬炒竹輪
●竹輪…1根，切圓片／油…½小匙／醬油…
½小匙
■以油和醬油快速將竹輪炒熟。

2 醃脆蘿蔔乾
●蘿蔔乾片…30公克（泡開後為140公克）／
八方高湯…2大匙／醋…1小匙／辣椒…少許
■將泡開的蘿蔔乾切成適當大小，擰乾水分。
加入八方高湯、醋，並依喜好加入辣椒，一
起抓揉醃漬入味。

3 鹽炒蓮藕
●蓮藕…1小根（100公克），切薄片／油…1
小匙／鹽…1小撮
■平底鍋充分熱鍋後，以油將蓮藕炒熟，最
後以少許鹽調味。

4 煮豆皮
●豆皮…厚的1片／水…100毫升／八方高
湯…1大匙略少／砂糖…1小匙略少
■豆皮依喜好切成適當大小後過滾水，混合
水、調味料，一起蓋鍋煮4～5分鐘。

5 其他
●紫蘇昆布、醃蘿蔔、醃脆梅、紅紫蘇粉

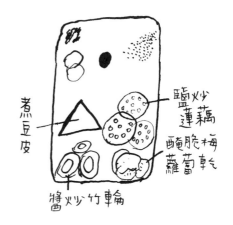

煮豆皮

鹽炒蓮藕

醃脆梅
蘿蔔乾

醬炒竹輪

關於便當盒

便當盒

記得幾年前，有一次我們一群同事一起帶著便當去賞花。
當時都還單身的我們，家裡沒有任何多層或較大的便當盒，
因此包括我在內，最後大家都各自用各種容器來取代便當盒使用。
有人用大的糖果餅乾罐來裝，也有人用琺瑯盆，
我則找來紙箱充數。
先生當時是把熱狗煎熟後，用錫箔紙包成一根一根，
弄得像太空人的太空便當一樣。
當時對我來說，便當盒毫不重要，有得裝就好。

我自己喜歡用鋁製的便當盒，
每到骨董市集或古物店，總會四處尋找鋁製便當盒的蹤跡，
而且價格絕不能超過一千五百日圓。
我喜歡鋁那種不甚堅固的質感。
除了裝便當，也能用來冷藏保存食品，或是分裝用不完的食材。
不過，雖然喜歡鋁的質感，但其實我老是會忘記裡頭裝了什麼，
總是得全部一一打開確認才行，實在不太方便。

如果要裝伴手禮，或是為他人做便當，
我大多會使用柳木製的圓筒便當盒，
或是一般的木製便當盒。
這類便當盒雖然不是很堅固，但便當吃完之後，
便當盒還能留下來當成放小東西的盒子。
進口的圓筒便當盒，小的差不多一百日圓左右，
大的也只要約兩百日圓，相當便宜。
木製便當盒則從三百日圓起跳，
大一點、有分層的約七百日圓。
如果工作上需要一次採買大量的話，
我通常會直接委託木工代製。

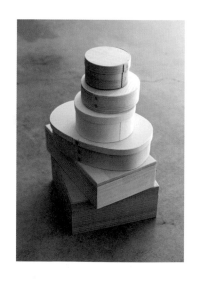

關於包裝

各種食物的包裝方式

想包大三明治或麵包類的便當，
烘焙紙或油紙都非常好用。
先用烘焙紙包起來，外頭再用喜歡的包裝紙或布巾包上一層，
就不用擔心麵包變乾或醬汁外漏。
我也喜歡用沒有折角的平面紙袋。
平時我會收集一些漂亮的紙張，利用空閒時間做成平面紙袋。

至於山白竹葉、朴葉或柏葉等，
可以在營業用食材批發專賣店等地方買到可常溫保存、十片裝的真空
包，非常方便。
我通常都是跟長野一家葉子專賣店直接訂貨寄送。
雖然我也很喜歡一般的大紅緞帶和粉紅包裝紙，
但像葉子這種來自原野山林的素材，看了一樣讓人心情愉悅。

竹皮便當和粽子這一類的便當，適合用藺草來綑綁。
但藺草偶爾會斷掉，
而且使用前還得先煮燙過，不是很方便。
因此我通常會使用拉菲草繩。
拉菲草繩是非洲拉菲亞椰子的葉子剝撕成的細繩，
可用來製成工藝品或布料，十分強韌，
也適合用來綑綁小東西。
在插花材料或包裝材料行都買得到。

另外，我也很喜歡用橡皮筋來固定包裝。

關於糙米與鹽／結語

關於糙米與鹽

買糙米時，有機與否當然是重要關鍵，除此之外，我通常會選購米粒較小的。
這麼做沒什麼特殊理由，純粹只是因為我喜歡顆粒小的糙米。
另外，糙米可分成：作為糙米飯食用的糙米，以及精製成白米食用的糙米。
僅脫殼作為糙米飯食用的糙米，一般來說稻殼較少。

根據料理手法不同，鹽可分成許多種類。
我通常會用日曬鹽作為料理的最後調味，或是用在沙拉、烤魚上。
汆燙、抓鹽或食材的事先處理，使用的是袋裝的天然鹽。
顆粒較大的粗鹽則用於西式燉物。
至於精製鹽則幾乎沒用過。

結語

我的工作是經營一家沒有固定店面、名叫「虎斑貓蹦蹦旅行餐廳」的料理店。經常有人問我，為什麼要叫作「虎斑貓蹦蹦」？其實這個名字並沒有任何特殊意義。一開始從事料理活動時，我經常更換不同的名稱，例如「Yanishuku」、「BonBon Store」、「Cafe de Toraneko」。

有一回用的名字便是「虎斑貓蹦蹦」，以一隻長得像沙包的褐色虎斑貓廚師為象徵。我以為這個名字應該很少人用，而且又好記。沒想到因為名字太長，結果老是被叫成「野貓蹦蹦」、「黑貓蹦蹦」或是「流浪貓蹦蹦」。

我的工作經常開著車、載著鍋子四處做料理。路程長的話，就需要帶便當。雖說是便當，其實就是先生可以邊開車邊直接拿著吃、不需要筷子的飯糰或三明治。或是長期離家之前，以家裡剩餘食材做的東西。都不是什麼特別美味的料理。雖然只是簡單做，但先生也吃得津津有味，所以我都會準備。我想，或許只要是為對方所做的料理，都會變得很美味吧。

中西直子 Nachio Nakanishi

料理家。1973年出生於日本高知縣。2007年創立「虎斑貓蹦蹦」旅行餐廳。2011年日本311大地震時,她問身在避難所的友人,自己可以寄些什麼東西給對方?朋友告訴她「那就每天寄一幅動物的畫作吧」。從那一天起,她每天都在自己的部落格「記憶的MonPetit」(記憶のモンプチ)上更新一幅動物畫作。「記憶のモンプチ」即為褐色虎斑貓居住的世界。而她同時也是無用之報《動物新聞》的總編輯。
http://toranekobonbon.com/

譯者 賴郁婷
台大日研所畢。曾任職於出版社編輯,現為專職譯者。熱愛從翻譯中學習認真生活。

旅行餐廳,虎斑貓蹦蹦的便當

作者 中西直子
譯者 賴郁婷
設計 mollychang.cagw.
特約編輯 櫻井彤
責任編輯 林明月
行銷企畫 林予安
總編輯 林明月

發行人 江明玉
出版·發行 大鴻藝術股份有限公司 合作社出版
　　　　電話:(02)2559-0510 傳真:(02)2559-0502
總經銷 高寶書版集團
　　　　台北市114內湖區洲子街88號3F
　　　　電話:(02)2799-2788 傳真:(02)2799-0909

2018年3月初版
ISBN 978-986-95958-2-7
定價320元

TABISURU RESTAURANT TORANEKOBONBON NO OBENTOU © NACHIO NAKANISHI 2015
Cover & Interior design by HIROKO WATANABE
Photographs by KEIGO SAITO
Originally published in Japan in 2015 by PHP Institute, Inc., TOKYO,
Traditional Chinese translation rights arranged with PHP Institute, Inc., TOKYO.
through TOHAN CORPORATION, TOKYO and LEE's Literary Agency.

國家圖書館出版品預行編目(CIP)資料 旅行餐廳:虎斑貓蹦蹦的便當/中西直子作;賴郁婷譯. -- 初版. -- 臺北市:大鴻藝術合作社出版, 2018.03
128面; 15╳21公分 ISBN 978-986-95958-2-7(平裝) 1.食譜 427.1 7107002901